烟草农药
精准科学施用
技术指南

丁伟　雷强　肖勇　主编

U0301594

化学工业出版社

·北京·

内 容 简 介

　　本书详细分析了烟草生产与农药应用之间的关系，系统介绍了烟草健康栽培、安全生产过程中农药精准施用的相关基础知识，烟草虫害、病害、草害等重要靶标的精准科学用药技术，烟草化学调控技术，以及烟草不同生育期有害生物的精准控制技术等内容。另外，还介绍了最新的烟草农药施用器械及科学施用技术等方面的内容。

　　本书内容新颖，实用性强。可供广大烟草生产技术人员和烟草种植大户在推进烟草绿色防控过程中参考使用，也可供农科院校烟草、植保等专业师生参考。

图书在版编目（CIP）数据

　　烟草农药精准科学施用技术指南/丁伟，雷强，肖勇主编. —北京：化学工业出版社，2021.4
　　ISBN 978-7-122-38448-5

　　Ⅰ.①烟…　Ⅱ.①丁…②雷…③肖…　Ⅲ.①烟草-农药施用-指南　Ⅳ.①S435.72-62

　　中国版本图书馆 CIP 数据核字（2021）第 017744 号

责任编辑：刘　军　冉海滢　孙高洁　　　　文字编辑：陈小滔　李娇娇
责任校对：李雨晴　　　　　　　　　　　　装帧设计：关　飞

出版发行：化学工业出版社（北京市东城区青年湖南街 13 号　邮政编码 100011）
印　　刷：北京京华铭诚工贸有限公司
装　　订：三河市振勇印装有限公司
880mm×1230mm　1/32　印张 5½　字数 152 千字
2021 年 5 月北京第 1 版第 1 次印刷

购书咨询：010-64518888　　　　　　售后服务：010-64518899
网　　址：http://www.cip.com.cn
凡购买本书，如有缺损质量问题，本社销售中心负责调换。

定　　价：55.00 元

本书编写人员名单

主　编

丁　伟　雷　强　肖　勇

编写人员

（按姓名汉语拼音排序）

陈代明	陈海涛	丁　伟	冯长春	郭仕明
雷　强	李　斌	李常军	李石力	汪代斌
王振国	武霖通	肖　鹏	肖　勇	徐　宸
徐小洪	杨　超	余佳敏	余祥文	

前言

　　农药在烟草种植过程中发挥着重要作用，是控制病虫草害、调节烟草生长必需的重要生产资料。控制烟草上病虫草的危害，最经济、有效、易被接受、便于大面积应用的技术措施，仍然是采用化学药剂。在正常应用的剂量范围内，这些化学药剂效果稳定、安全性高，基本不会带来毒副作用。

　　目前，我国正在推进烟草绿色防控和减肥减药行动，总体目标是采用更多的绿色防控手段来有效控制病虫草害，最大限度地减少化学农药的使用量，在控制病虫草害的同时，确保烟草生产者安全、烟叶质量安全和烟区生态环境安全。推进绿色防控并不是完全否定农药的使用，相反，绿色防控对农药的科学使用提出了更高的要求。生产实践告诉我们，要有绿色防控的观念，要积极推进应用绿色防控，但也绝对不能忽视对化学农药的科学使用，特别是精准对靶用药。

　　在国家推进烟草绿色防控重大专项实施的背景下，针对农药科学使用过程中存在的问题，在国家烟草专卖局、四川省烟草专卖局、重庆市烟草专卖局等单位大力支持下，在征求广大基层烟草生产技术人员及烟农大户意见的基础上，笔者通过对大量资料进行整理和分析，参考中国烟叶公司多年推荐的烟草用药指南，通过实验示范和多次筛选验证，结合烟草品质质量的安全要求，收集整理了100多个烟草可以使用的农药品种，针对烟草的"三虫、三病"主要靶标和烟草不同生育期的用药特点，编写了这本专门的书籍，以便广大烟草生产技术人员和烟农大户在使用农药的过程中参考。

　　本书是由四川省烟草公司科技处、烟叶管理处，四川省烟草科学研究所，重庆市烟草公司科技处，重庆烟草科学研究所等单位组织编写的。国家烟草专卖局科技司、中国烟叶公司、西南大学植物保护学院、四川省农业科学院植物保护研究所、湖北省烟草公司、贵州省烟草公司、湖南省烟草公司、河南省烟草公司等给予了大力的支持和帮助。内容参考了由丁伟、关博谦、雷强主编的《烟草农药精准使用技术》一书。西南大学植物保护学院武霖通、杨亮、刘颖、江其朋、丁光浦等，四川省烟草公司冯长春、余伟、李斌、余佳敏、王勇、张映杰、张瑞萍、刘东阳、闫芳芳、江连强等，重庆市烟草公司徐宸、李常军、汪代斌、陈海涛、杨超、王宏锋等做了大量的工作。在此，对以上所有支持本书编写的有关单位和专家表示衷心的感谢。

农药的精准科学使用涉及面广，烟草生产又具有自己的特点，加上本书的编写人员水平有限，因此，本书难免会出现疏漏之处，希望读者能够批评指正，以便今后修订时完善和补充。

编者
2020 年 11 月 22 日

目录

第1章 烟草农药 / 1

第2章 农药精准科学施用的基本知识 / 14

第3章　烟草病害的精准科学用药技术　/ 30

第4章　烟草虫害的精准用药控制技术 / 77

第5章　烟田杂草精准科学用药技术　/ 97

第6章　烟草生长与健康的精准调控技术　/ 112

第7章　烟草施药器械的精准使用　/ 135

第 1 章

烟草农药

1.1　烟草农药的基本含义

农药是农业上针对栽培植物防治病虫草害和保障植物健康所使用的药剂，是指用于预防、控制危害农业、林业的病、虫、草、鼠和其他有害生物以及有目的地调节植物及昆虫生长的化学合成物，或者来源于生物、其他天然物质的一种或者几种物质的混合物及其制剂。

烟草农药是指用在烟草上，控制烟草病虫草害，调节烟草生长，保护烟草健康的农业投入品，同时也包括控制烟草储藏期病虫害所用的药剂。

烟草农药一般包括以下几个方面的含义：

① 使用农药的目的是预防和控制危害烟草的病虫草害，以及有目的地调节烟草生长，保持烟草品质和产量的药剂；

② 烟草农药的作用对象可以是病、虫、草，也可以是烟草本身；

③ 烟草上使用的农药来源可以是化学合成的，也可以是生物质的，其组成一般是多种物质的混合物；

④ 烟草上使用的农药一定要加工成一定的剂型才能使用；

⑤ 烟草农药对控制烟草的病虫草害，保障烟草的健康生长有重

要作用，但使用不当或者过量使用，就会带来残留、污染和潜在的毒性等一系列问题。

在生产实践中，一定要深刻理解农药的基本含义，才能科学地使用农药。

1.2　烟草上使用农药的目的

（1）烟草上使用农药的根本目的是保障烟草的健康　烟草种植过程中，由于烟草品种更新缓慢，抗性有限，多种有害生物严重地威胁着烟草的健康生长，每一种有害生物种群数量的过度增长，都可能对烟草造成致命的伤害，导致产量和品质严重受损。因此，在烟草健康维护过程中，对病虫草害要及时预警，及时诊断，及时防治。虽然防控病虫草害的方法有多种，但要想快速、高效、经济地控制病虫草害，保护烟草健康，施用农药是最为经济有效的手段。

（2）烟草使用农药的直接目的是预防和控制有害生物　预防是在烟草病虫害发生危害之前或者发生初期，通过使用农药，把病虫害可能造成的危害和损失降低下来的一种防治手段。因此，可以理解为，对病虫害进行预防，是使用农药的重要目的。如烟草赤星病和野火病，必须在病害流行之前施用药剂，这时用药少、效果好、副作用小，可以达到很好的预防效果。因此，应注意发挥农药的预防作用。

控制的基本含义是控制住防控对象不使其任意活动或超出范围，或使其按控制者的意愿活动。使用农药控制烟草的病虫草害，目的就是将这些有害生物控制在经济损失可以承受的范围之内，绝不是要把有害生物赶尽杀绝。这样，就意味着不要滥用农药、滥杀无辜，而且应逐渐把消灭完害虫或者病原菌这个概念从农药使用者心中去掉。

1.3　农药的名称

农药的通用名称是指由负责农药命名的标准化机构组织专家制定，并以强制性的标准发布施行，在不同场合都可以使用的名称。一种农药只有一个通用名称。

每一种农药的销售信息上都应该包含三部分内容：有效成分含量、有效成分的通用名称（或简称）和剂型，如60％代森锌可湿性粉剂。

在生产上，采购、管理和使用一种农药都应该采用通用名称。但有时为了区别生产厂家和质量的好坏，需要提及商品名称，但即使提及商品名称，也应该是先有通用名称，再有商品名称。

1.4 农药的主要类别

（1）**无机农药** 来源于自然界中的矿物原料，由矿物原料加工制成。如硫制剂的硫黄、石硫合剂；铜制剂的硫酸铜、波尔多液；磷化物的磷化铝等。这类农药常常具有作用时间长、效果稳定、不容易使有害生物产生抗性等优点，但也存在用量大，使用不方便，容易产生药害等缺点。

（2）**生物农药** 生物农药包括生物体农药和生物化学农药两大类。

生物体农药是指用来防除病、虫、草等有害生物的商品活体生物。包括来自植物、动物和微生物体的农药。如植物农药，是用天然植物加工制成的，所含有效成分是天然有机化合物，如苦参碱、除虫菊、烟碱等。微生物体农药，是病毒、细菌或者真菌等对有害生物具有控制作用的微生物制成的农药，如B.t.乳剂、枯草芽孢杆菌等。

生物化学农药是指从生物体中分离出的具有一定化学结构的，对有害生物有控制作用的生物活性物质，该物质若可人工合成，则合成物结构必须与天然物质完全相同（但允许所含异构体在比例上存在差异）。如来自动物、植物和微生物的代谢产物（如宁南霉素、阿维菌素）等。目前大部分的昆虫生长调节剂、外激素等生物化学农药实际上已经成为了典型的化学合成农药，这些农药实际上也应该是化学农药。

生物农药具有对人畜安全，不污染环境，对天敌杀伤力小和有害生物不会产生抗药性等优点，是烟草绿色防控大力推广应用的农药品种。

（3）有机合成农药　即人工合成的有机化合物农药，也就是统称的化学农药。这类农药类别最多，应用范围最广，产生影响最大，其特点是药效高、见效快、用量少、用途广，可适应各种不同的需要，但也存在着残留时间长，容易污染环境，使有害生物产生抗药性，对人、畜不安全等缺点。

绿色防控的重点是限制化学农药的过量使用，适当使用无机农药，提倡应用生物农药。

1.5　农药的作用对象

每种农药都有一定的作用对象，也称为农药的直接靶标。一种农药只对最佳的作用对象效果比较好。根据农药的作用对象可以把农药分成以下几大类。

1.5.1　对有害生物直接作用的药剂

（1）杀虫剂　用来防治有害昆虫的药剂。目前常用的杀虫剂主要是拟除虫菊酯类、氨基甲酸酯类、新烟碱类杀虫剂等。

（2）杀菌剂　用来防治病原微生物的药剂，这些病原微生物包括真菌、细菌、病毒和线虫等。在杀菌剂中，不同类型的病原微生物需要用不同类型的杀菌剂进行控制。如烟草病毒病，必须用抗病毒的药剂进行预防，控制真菌和细菌的药剂一般情况下对病毒病无效；同样烟草细菌性病害如烟草青枯病，只能用抗细菌的药剂进行控制，杀真菌和病毒的药剂对细菌性病害也基本无效。

（3）杀线虫剂　用于防治农作物线虫病害的药剂。

（4）杀软体动物剂　主要指对软体动物蜗牛、蛞蝓等有很好杀伤作用的药剂，如四聚乙醛等。

（5）除草剂　用来防除农田杂草的药剂。

（6）昆虫生长调节剂　通过对昆虫几丁质外壳或者一些生长激素的调控而达到控制昆虫种群数量，实现对害虫有效防治的一类药剂。这类药剂不是直接杀死昆虫，但对昆虫的生长发育有显著影响。而且这些药剂对人和哺乳动物比较安全。

（7）**性诱剂**　主要是昆虫性诱剂，根据昆虫性信息素的组成和功能，模拟组配出能够诱集同种个体的药剂配方，通过释放器释放到田间来诱杀异性害虫的仿生药剂。一般对害虫的雄虫有效，可在成虫发生期有效诱杀成虫。使用性诱剂诱杀害虫不接触植物和农产品，没有农药残留之忧，是绿色生态防治害虫的重要方法之一。

1.5.2　对烟草直接发挥作用的药剂

（1）**植物生长调节剂**　用来促进或抑制烟草生长发育、调控烟草一些生理活动的药剂。一般把烟草的抑芽剂、生根剂、落黄剂、促生剂等统称为烟草生长调节剂。

（2）**植物抗性诱导剂**　这类药剂的作用对象不是有害生物，而是烟草本身。这些药剂对病原菌或者昆虫没有直接的生物活性或者杀伤作用，但喷施到烟草上后，可以诱导烟草产生化学的或者物理的抵抗能力，达到抗御病虫及自然灾害的目的。如氨基寡糖素、芸苔素内酯等。

（3）**植物基因活化剂**　通常是指具有一定结构和组分的天然活性化合物，喷洒到植物上之后能够活化、促进、诱导、控制植物的优良生长基因和抗逆基因，调动和激活植物充分发挥自身的潜能，加强防御反应，增强免疫功能，提高抗御病、虫、旱、涝、高温、冷害、盐碱以及除草剂等引起的伤害的能力，同时又能增加叶绿素，提高光合效率，加速氨基酸、蛋白质、糖和油脂、维生素的合成与积累，使作物产量增加，品质提高，营养丰富，色、香、味均佳，外观规正。

1.5.3　对烟草生长环境发挥作用的药剂

（1）**微生态调控剂**　主要是作用于根际或者叶际的微生物群体或者作用于微生物环境，对整个微生物的结构和功能产生影响的一类药剂。可以是生物药剂，也可以是化学药剂，也可以是一些营养物质，如苗强壮微生物菌剂、黄腐酸等。

（2）**生物炭**　是植物材料经过一定条件下炭化形成的黑色粉末。可以影响土壤条件、微生物生长条件、烟根的生长发育等，从而影响到烟草的抗病性，达到控制病害的目的。

（3）**防虫网**　是一种以聚乙烯为主要原料经拉丝制造而成的网状织物，通常添加具有防老化、抗紫外线等作用的化学助剂，具有拉力强度大、抗热、耐水、耐腐蚀、耐老化、无毒无味、废弃物易处理等优点。能够预防常见的害虫，如蚜虫、蓟马等。

1.6　农药的作用方式

1.6.1　杀虫剂的作用方式

（1）**触杀剂**　药剂必须接触害虫，通过体壁及气门进入害虫体内，使之中毒死亡。大部分喷雾用的杀虫剂都是触杀剂。大多数化学杀虫剂都是触杀药剂。

（2）**胃毒剂**　药剂需要通过害虫取食而进入其消化系统，经肠道吸收后进入体内，然后发挥作用，使之中毒死亡。如生物农药苏云金杆菌能够杀虫就是昆虫将该菌剂取食到肠道，毒蛋白对肠道破坏而导致了昆虫的死亡。

（3）**内吸剂**　药剂被植物的茎、叶、根和种子吸收而进入植物体内，并在植物体内传导运输，或产生更毒的代谢物，使取食植物的害虫中毒死亡。如吡虫啉拌种可以通过根茎的吸收传导，而对叶片上的蚜虫产生杀伤作用。

（4）**熏蒸剂**　药剂在常温下以气体状态通过呼吸系统进入害虫体内，使之中毒死亡。

（5）**昆虫生长调节剂**　药剂在接触昆虫被昆虫吸收或者被昆虫取食吸收后，阻碍害虫的正常生理功能，影响几丁质形成或者内表皮生成，阻止正常变态，使幼虫不能化蛹或蛹不能羽化，形成没有生命力或不能繁殖的畸形个体。

（6）**引诱剂**　是昆虫外激素类杀虫剂，对昆虫成虫的交配活动进行干扰迷向，使其不能交配，从而控制虫口数量的增长，或诱聚而利于捕杀，达到防治的目的。如近年来在烟草上大面积推广应用的斜纹夜蛾性诱剂等。

（7）**驱避剂**　昆虫对这种药剂的气味比较敏感，受这类药剂的影响，昆虫不在施药的场所取食或者繁殖后代。

（8）**不育剂**　这类药剂对昆虫生理或者生殖机能起破坏作用，使昆虫不能交配或者交配后不能产卵繁殖后代。

（9）**拒食剂**　昆虫味觉器官直接接触药剂后感到厌恶而不再取食，最后因饥饿、失水而逐渐死亡。

（10）**麻醉剂（或者麻痹剂）**　昆虫取食这类药剂后，全身瘫软，不能活动，但经过一段时间后，能够恢复。这类药剂一般不直接作为杀虫剂使用，可以作为助剂，减少昆虫对一些杀虫剂的逃避机能。

1.6.2　杀菌剂的作用方式

（1）**保护剂**　在植物发病前或发病初期，将药剂均匀覆盖在植物体表，消灭病原微生物或防止病原微生物扩展蔓延。这类药剂在作物已经发病后施药效果不好或者无效。

（2）**治疗剂**　植物发病后施用，通过内吸直接进入植物体内，传导至未施药的部位，对植物体内病原微生物产生毒杀、抑制或消灭作用，使病株不再受害，恢复健康而起治疗作用。

（3）**熏蒸剂**　药剂在常温下挥发成气体与病原菌接触，对病原菌的菌丝、孢子或者病原体产生影响，而达到杀死病原菌的目的。

（4）**铲除性杀菌剂**　对病原菌有直接强烈杀伤作用的药剂。这类药剂常为烟草生长期所不能忍受，故一般只用于播前土壤处理。一些土壤熏蒸剂如35%威百亩水剂（斯美地）就是铲除性杀菌剂。

（5）**抗逆诱导剂（又称为免疫性杀菌剂）**　药剂施用后，可使植物产生抗病性能，不易遭受病原生物的侵染为害，如芸苔素内酯、S-诱抗素等。

1.6.3　除草剂的作用方式

（1）**选择性除草剂**　在一定的浓度或剂量范围内杀死或者抑制植物生长而对另外一些植物安全的药剂。如根据植物形态的选择性可分两大类，一类是单子叶植物除草剂，另一类是双子叶植物除草剂。

（2）**灭生性除草剂**　这类除草剂对植物缺乏选择性，或选择性很小，能杀死绝大多数接触到药剂的绿色植物，如草甘膦不仅能杀死杂草，对烟草也有杀伤作用。

（3）输导型除草剂（或内吸型除草剂） 输导型除草剂使用后可通过内吸作用将药剂传至杂草的敏感部位或整个植株，使杂草中毒死亡。如灭生性除草剂中的草甘膦。

（4）触杀型除草剂 是不能在植物体内传导，只能杀死所接触到的植物组织的药剂。如灭生性的除草剂百草枯（国内已禁用），一般对植物的上部有效，但对根部无效。

在烟田使用的除草剂一般为选择性除草剂，灭生性除草剂一般不建议施用。

1.7 农药的毒力、毒性和药效

农药的毒性、毒力和药效是三个不同含义的农药用语。这三个术语在农药应用中非常重要但又容易混淆。农药的毒性是指药剂对人体、家畜、水生动物和其他有益动物的危害程度；毒力是指在室内人为控制的条件下对病、虫、草、鼠等有害生物杀伤作用的程度；而农药的药效是指农药在田间、试验小区等实际使用中对病、虫、草、鼠等有害生物的防治效果。

（1）毒性的种类 毒性有两类：一类是大剂量短时间接触或吸入药剂可出现不同程度的中毒症状称为急性毒性，另一类是小剂量长时间接触或吸入药剂可引起的中毒称为慢性毒性。

急性中毒表现为头晕、恶心、呕吐、窒息以至短时间死亡（如几分钟、几日或几十天）的症状。

慢性中毒表现为癌、心血管病和产生畸胎以及引起遗传上的突变等，最终导致生命死亡。长期工作于受污染的环境里，也可能是长期生活于受污染的居住环境里，包括食用被污染的水和食物容易引起慢性中毒。这是农药的毒副作用的一个重要方面。

在烟草有害生物防治过程中，使用一些有毒农药对农药使用者产生的伤害，一般是急性毒性。如果烟叶上残留一些对人体有害的农药，烟叶加工成卷烟后，随着人们对烟草产品的吸食，农药残留物被带入人体后，对人体也会造成一定的伤害。这种伤害是农药的慢性毒性导致的。

并不是所有有残留的农药对人都有伤害作用，这与残留量的大小有密切关系。一般情况下，推荐剂量的农药在安全间隔期之外施药，残留的农药量很少，而且经过烟叶的烘烤、存放、加工和燃烧过程之后，农药对人的伤害基本上可以忽略不计。

（2）**毒性大小的表达**　毒性大小的表达一般用半数致死量（LD_{50}）来表达。LD_{50}即使供试的生物（如大鼠）死亡一半所需要的剂量。其单位一般是 mg/kg。LD_{50}越大，说明该药的毒性越低，相对来说越安全，LD_{50}越小，说明该药毒性越高，越容易中毒和不安全。根据我国颁布的农药急性毒性分级标准，毒性一般可分为高毒、中毒和低毒等几种情况。

（3）**中毒的途径与预防**　农药可以经过口、皮肤和呼吸等途径进入人体，对农药生产者和使用者产生伤害。目前在农村一个比较突出的问题是，很多用户只注意农药的口服毒性，而忽视农药的皮肤接触毒性（包括眼睛）和呼吸的吸入毒性。另外，很多人只注意到农药原药的中毒危险性，而大大忽视了农药稀释以后的中毒危险性，因而喷洒农药时往往裸露躯体；更有甚者，手部直接接触药液或药剂也毫不在意，这都是很不安全的。

另外，有些农户不太注意安全防护工作，不少用户用旧衣服作为"防护服"，而且大多是棉纺织品，这一类"防护服"不能很好起到防护作用，有时候，这些衣服吸附农药后反而使药物残存的时间延长，对农药使用者的影响更大，因此应选择能够起到隔离作用的化学纤维服来作为防护服。

1.8　农药的残留

1.8.1　残留的概念

所谓残留，就是有些农药或者化合物由于理化性质的特点，施入环境中不会很快降解消失，而滞留于环境中或者烟叶及烟叶制品中较长时间的现象。农药残留会对人和其他生物产生影响。由于农药的残留作用而产生的致毒效果被称为残毒，残毒是农药残留所带来的最大问题。

烟草中的残留农药一方面来自直接施药时烟叶上农药的残留，另一方面来自烟草从污染环境中吸收的农药。有三个特征参数用来评价或者控制农药残留风险，分别是：每日允许摄入量、最大允许残留量和理论最大每日摄入量。

每日允许摄入量（ADI）：每天按人的体重（kg）计算所能摄取的农药，在人的一生中不会造成毒害的重量，单位 mg/kg。

最大允许残留量（MRL）：供人类食用的农副产品及其加工品中允许的最高限度的残留浓度。

理论最大每日摄入量（TMDI）：根据测定的最大允许残留量，考虑人类对农产品及其加工品的消费方式等可以推算出的理论每日最大摄入量。

以上几个指标，都可以对烟草生产过程中出现的和可能出现的农药残留问题进行评估，以便为农药的科学使用提供依据。通常说的农药残留是实际测得的药剂在单位重量的农产品中的农药存在的量，这个量低于最大允许残留量（MRL）就是农药残留不超标，如果测得的数值大于最大允许残留量（MRL），则该批样品农药残留超标。

1.8.2 烟草农药残留控制

随着"吸烟与健康"问题受到普遍关注，人们烟草安全性问题也变得更加敏感。目前认为吸烟对人体产生危害的原因主要有两个方面，一方面是卷烟烟气中的有毒物质，另一方面则是化学农药的残留，因而农药残留指标已成为各国烟草及烟草制品质量控制中的重要内容。同一种农药在烟草上的最大允许残留量，不同国家有很大的不同。德国、美国、西班牙和意大利制定的国家标准，对卷烟和烟叶中多达 151 种农药做出了农药残留最高限量的规定。

农药在烟草上使用会导致烟叶有农药残留风险。一般来说，严格按照使用说明书进行使用，农药的残留风险是可以控制的。但如果加大剂量、增多使用次数、没有注意安全间隔期等就会加大残留风险，甚至出现残留超标问题。烟草毕竟是吸食品，应注意在使用农药的过程中降低使用量，减少农药残留。农药精准科学使用的目的，就是要提高防治效果，降低残留风险。

为有效控制烟草的农药残留，每个国家都会要求按照良好农业操作规范（GAP）进行生产，烟草 GAP 从制定之初就被肯定其在烟叶农残控制中的积极作用。近年来世界最大的卷烟制造商 PhilipMorris 公司向环球、德孟、大陆等跨国烟叶经营商提出要求，在所有供应给 PhilipMorris 公司烟叶的原料产地，必须推行 GAP 管理方式，建立烟叶质量追踪系统，否则一律拒绝接收和使用。我国一些卷烟生产企业，也开始在烟草种植区域要求实行良好的农业操作规范，这对于农药在烟草上的安全、高效使用将具有重要推动作用。当然，由于农药在烟草上的残留会受到烟叶的烘烤、存放、卷烟的制作和加工等环节的影响，对于烟草农药残留的具体要求，各国对不同的农药品种的要求还有很大的差异。但有一点是可以肯定的，就是在烟草生产过程中，对农药残留的要求会越来越严格，农药残留甚至会成为影响烟叶销售和出口的一个关键因素。

在我国，中国烟叶公司也对农药残留做出了极为严格的限量控制。中国农业科学院青州烟草研究所对烟草推荐使用的农药分别制定了相应的残留限量标准。各地烟草公司进行了大规模的抽样分析，并及时通报残留检测结果，对烟叶的农残控制可以说达到了非常严格甚至苛刻的程度。

1.8.3 禁止在烟草上使用的农药品种

考虑到一些农药的残留毒性和直接毒性，中国烟叶生产购销公司和全国烟草病虫害预测预报及综合防治部门 2018 年再次通报了禁止在烟草上使用的农药品种，如表 1-1。

表 1-1 禁止在烟草上使用的农药品种或化合物名单

序号	品种名称	序号	品种名称	序号	品种名称
1	六六六	4	甲基对硫磷	7	六氯苯
2	杀虫脒	5	速灭磷	8	2,4,5-涕
3	狄氏剂	6	克百威(呋喃丹)	9	林丹

序号	品种名称	序号	品种名称	序号	品种名称
10	二溴乙烷	23	乙酸苯汞（赛力散，PMA）	36	苯硫磷
11	汞制剂	24	氰化合物	37	乙酯杀螨醇
12	对硫磷	25	滴滴滴（TDE）	38	五氯酚（PCP）
13	内吸磷	26	环氧乙烷	39	除草定
14	氯丹	27	敌枯双	40	硫酸亚铊
15	敌菌丹	28	磷胺	41	二溴氯丙烷
16	乙基己烯乙二醇	29	三氯杀螨砜	42	艾氏剂
17	滴滴涕	30	氯乙烯	43	甲胺磷
18	二氯乙烷	31	草枯醚	44	溴苯磷
19	砷、铅类	32	黄樟素	45	乐杀螨
20	久效磷	33	毒杀芬	46	丁酰肼
21	八甲磷	34	除草醚	47	百草枯
22	七氯	35	氟乙酰胺（敌蚜胺）	48	胺苯磺隆复配制剂，甲磺隆复配制剂

注：百草枯，自 2020 年 9 月 26 日起停止在国内销售和使用。胺苯磺隆复配制剂，甲磺隆复配制剂，自 2017 年 7 月 1 日起禁止在国内销售和使用。此外，氯化亚汞、砷酸钠、三丁基锡化合物，也禁止在烟草上使用。

1.9 使用农药对烟草的影响

（1）施用农药对烟草的副作用 农药施用于烟草后，虽然会对危害烟草的有害生物有控制作用，但如果使用不当或受其他因素的影响，反而会对烟草产生不良影响，甚至造成药害，轻者减产，重者可使烟草死亡。另外，一些药剂在正确使用的情况下，除起到防治病虫草害的效果外，还有刺激烟草生长的作用，这也需要在农药使用的过程中给予注意。

（2）农药的药害 药害是指使用农药之后，烟草所表现出的不正常的一种生理反应。一般可分为急性药害和慢性药害两种。

急性药害：在喷药后短期内即可产生，甚至在喷药数小时后即可显现，症状一般在叶面产生各种斑点、穿孔、黄化或者白化，灼焦枯萎，甚至落叶、死亡等。

慢性药害：症状出现较慢，常要经过较长时间或者多次施药才出现，一般为叶片增厚、硬化发脆，容易穿孔破裂，叶片畸形，植株矮化，根部肥大短粗等。农药施用于烟草后，是否对烟草产生药害，主要受药剂本身的性质、烟草的生理状况和生长发育期以及施药时和施药后的环境条件等影响。

一些除草剂如草甘膦（农达）是灭生性除草剂，使用者一般不会直接将药剂喷到烟叶上而造成对烟草的伤害，但如果飘移到烟叶上也会造成伤害，残留或者淋溶到土壤中的药剂会对烟草的根或者根毛产生伤害，同样会对烟草产生药害。其他选择性除草剂由于剂量过大也会对烟草造成药害；此外，一些没有除草活性的农药品种，用量超标也会对烟草产生药害，如抗逆诱导剂20％噁霉·稻瘟灵乳油（移栽灵）在苗期使用，如果剂量每亩❶超过50mL，且兑水量太少，会对烟草产生严重药害；杀虫剂21％氰戊·马拉松乳油一般不能在烟草上使用，就是因为其容易引起药害。辛硫磷在防治地下害虫时，用量大或者直接对准烟苗施药也会产生严重药害。前茬使用的除草剂，在土壤中的残留会阻碍作物根系的深札和对土壤的水分吸收，弱苗、死苗、倒伏和减产等也是药害的表现。

（3）农药对烟草的刺激作用　许多农药使用后对烟草有刺激生长的作用，如甲基硫菌灵、波尔多液、芸苔素内酯等，这一般可以理解为烟草对药剂的良性反应。当然，要仔细理解药剂对烟草生长的刺激作用，还要区分是否是药剂控制了一些病虫草害之后使得烟草健康生长所导致的。另外，一些烟草抗病性诱导剂使用后对烟草有保护作用，这主要反映在烟草的健康生长上。

---

❶　1亩≈666.7m^2

第2章

农药精准科学施用的基本知识

2.1 农药精准施用的定义

2.1.1 农药作用靶标的概念

农药喷施过程中，必须喷洒到作用对象上才能发挥作用。这个作用对象就是农药的作用靶标。根据作用对象范围的大小，可把作用靶标分为以下三类。

一是大靶标：药剂需要保护的对象，如防治烟草上的病虫害，烟草就是大靶标，药剂必须在烟草上施用，如果药剂没有沉积在烟草上，就无法防治烟草上的病虫害。

二是小靶标：药剂需要防治的对象。一般是指危害作物的病虫害，是我们通常意义的作用靶标，如蚜虫、斜纹夜蛾、赤星病菌等。一般情况下，药剂只有作用到了这些对象上，才能达到用药的目的。小靶标在大靶标的范围内，相对于大靶标来说，小靶标的范围是很小的。如一株烟草上食叶类昆虫的个体大小与一个烟株的个体大小相比是微不足道的。

三是分子靶标：指药剂在小靶标上的作用位点。药剂必须接触到小靶标，然后经过吸收传导，进入昆虫体内或者病原菌组织内，最后达到作用的核心位点，才能发挥杀虫和杀菌的效果，这个位点就是药剂的分子靶标。相对于虫体或者菌体来说，分子靶标将更为渺小，但这恰恰是药剂所必须到达的位点。

一个药剂必须到达分子靶标才能发挥作用。因此，农药在喷洒过程中，我们对准作物喷药，有 $25\%\sim50\%$ 能沉落到作物（大靶标）上，然后有大约 1% 能到达昆虫身体或者病斑（小靶标）上面，经过吸收传递，将会只有 0.3% 左右能够到达最后发挥作用的位点（分子靶标）上。这样算来，我们在田间喷药，真正能够发挥作用的药剂不足喷洒药剂的 0.3%。由此可见，精准用药是多么关键。

2.1.2　农药精准施用的概念

在农药施用过程中，根据作物生长和病虫害发生情况，应用先进的施药器械，采用定时、定量和定点施药方法，最大限度地发挥药剂的作用，实现节约农药、提升防效、减轻污染和残留的农药使用技术，称为农药的精准施用。

用药的根本目的是防虫治病，诊断准了，用药准了，才能实现对症治疗和防病治病，才能实现精准植保。因此，精准用药意义重大！

个性化用药及针对性用药是精准医学的第一落脚点。精准医学的发展给精准用药提供了基本保障。农药的精准施用也要借鉴精准医学的理念，在精准诊断的同时，能够恰当地对准靶标，实现对靶施药和高效用药。

2.1.3　农药精准施用的意义

传统农药使用技术往往根据整个烟田发生病虫草害严重程度的总体情况，不管农药施用区域有没有施药靶标或对象，都采用全面喷洒过量的农药来保证靶标区域获得足够的药剂量。但由于田间土壤状况、有机物比例和喷雾对原靶标个体特征等的不均匀性，全面均匀施药极易造成药害或漏喷，施用的大部分药剂都是无效的，喷洒出去的农药只有极少部分能够到达防治的靶标上，流失十分严重，难以达到最高的农药使用效率，并且带来一系列不可忽略的问题，如显著增加农药使用成本、操作者在施药过程中易受到伤害、烟叶的农药残留超标等，过量使用农药还导致环境的污染。传统农药使用存在易破坏生态平衡、加大病虫害抗药性、增加人畜农药中毒以及使用农药低效等弊端。因此众多学者认为"化学农药是高效的，但使用手段却是低效的"。

农药精准使用技术意在控制有害生物的同时又能够兼顾生态环境，满足烟叶生产建设和保护生态环境的双重要求。以最少的农药剂量，合理精准地喷洒于靶标生物，减少对非靶标生物的毒害以及农药流失和飘移，科学、经济和高效地利用农药，以达到最佳防治效果。总而言之，农药精准使用技术就是要实现适时、定量和定点施药。

与传统农药使用技术相比，采用可变量技术的农药喷雾机械可以准确地根据田间病虫草危害状况进行精准处理，田间喷雾不均匀，随着各点危害程度及其环境性状不同适当调整农药施用量，避免农药的浪费和环境污染。使得烟叶生产更加高效、优质。精准使用农药具有以下几点好处。

（1）发挥药剂应有的作用 农药是低剂量高效率的农业生产保障性物资，精准施用农药，可以减少当季用药的次数和使用量，大大降低用药成本。

（2）减缓和减轻有害生物的抗药性 实行精准用药，不仅可以减少害虫的接触药剂的次数，而且由于使用时药剂浓度低、液量足，可以延缓害虫产生抗性，进而延长某种农药的使用期限。

（3）减轻对非靶标生物的伤害 实行精准用药，可以缩小用药面积，减少用药次数，降低用药浓度，并注意到农药类型、防治时机和使用方法，特别是在天敌不能控制害虫的情况下，才应急采用农药防治。这样有利于保护天敌，有利于发挥天敌在害虫防治上的积极作用。

（4）保障烟草的产品质量安全 实行精准用药，由于能按照禁用范围和安全使用期限用药，同时降低了用药浓度，减少了用药次数，这就大大减少了烟叶中带有农药残毒的可能性。

（5）降低农药对环境和人类的副作用 实行精准用药，必然会减少农药在农作物和土壤中的残留和积累，有利于保护人类健康，很大程度上降低农药对环境的污染，保障并实现烟草行业的稳定、可持续发展。

2.2 农药的稀释与配制

一种农药在使用时，必须进行稀释和配制。由于商品制剂农药的含量都比较高，不能直接使用，一般在使用前都要经过稀释，配制成一定浓度或者稀释一定的倍数后才能进行施药作业。能够准确地配制农药是农药科学精准使用的基础和保障。

2.2.1 农药浓度的表示方法

任何一种农药，起药效作用的只是其中的有效成分。各种制剂所标明的百分数就是指的有效成分含量，英文表示为 a.i.。如 5％己唑醇悬浮剂，5％表示制剂中有效成分的含量，己唑醇表示该药的通用名称，悬浮剂表示该药的剂型。农药稀释成多大浓度或者计算有效成分的用量，都要以农药的有效成分含量作为基础。常用的农药浓度表示方法有如下几种。

（1）重量百分比浓度表示法　表示 100 份药液中或药粉中含农药有效成分的份数。如 5％己唑醇悬浮剂，即表示 100kg 这种药液中含己唑醇有效成分 5kg。

（2）倍数表示法　一般直接称为药剂的多少倍。如 5％己唑醇悬浮剂的 1500 倍液，表示该药液含 1 份 5％己唑醇悬浮剂和 1499 份水，重量稀释倍数一般是针对制剂而言的，不能直接反映出农药有效成分的稀释倍数，但可以用稀释后有效浓度进行换算：

$$稀释后有效浓度 = \frac{被稀释农药的有效浓度}{稀释倍数}$$

如上面的 5％己唑醇悬浮剂的 1500 倍液，稀释后的有效浓度为 0.05/1500 约等于 0.0033％。在实际应用中，当稀释倍数大于 100 时，因为对稀释液浓度的误差已小于 1％，往往不必再扣除药剂所占的一份，如上述 5％己唑醇悬浮剂的 1500 倍液，直接取药剂 1kg，加水 1500kg 即可。

（3）**百万分浓度表示法**　就是一百万份药液或药粉中含农药有效成分的份数，用符号 ppm 表示。百万分浓度可以和百分比浓度相互换算，即：百万分浓度（ppm）＝10000×百分比浓度。随着浓度表示方法的国际化，目前一般不采用百万分浓度表示法，而是采用每升（或每千克）溶液中含多少毫克有效成分来表示，其单位为 mg/L，或者 mg/kg，这个单位实际上等同于百万分浓度。如上面的 5％己唑醇悬浮剂的 1500 倍液，其按 ppm 表示的浓度为 33.3mg/L。

（4）**亩施有效药量表示法**　就是在一亩田中需要施入农药有效成分的量。一般粉剂（包括可湿性粉剂、可溶粉剂等）农药以 g 为单位；液剂（如水剂、乳油、油剂）以 mL 为单位。这种表示方法，适用于各种有效成分含量，对于同一种农药，不论有几种浓度，都可以从亩施有效药量上得到统一。因而，是一种较其他表示方法更为简单而确切的表示方法，应该提倡使用。在烟草上推荐每亩可以使用 10％的醚菌酯悬浮剂有效成分用量为 10g 来控制烟青虫，实际上，每亩使用 10％的醚菌酯悬浮剂的量为 100g。从学术的角度讲，目前对每亩用药量的单位为 g/亩或者 kg/亩；而且，一般学术杂志或者国外，一般不用亩表示，而是用公顷（hm^2）表示，1 公顷等于 15 亩，用英文表示为 g/hm^2；或者 kg/hm^2。

2.2.2　农药稀释倍数的计算

（1）**百分比浓度的计算**　一定量的农药被稀释后其浓度变小，但农药的有效成分含量是不变的，因此，被稀释后的药液量（W_2）与其有效成分浓度（N_2）的乘积就等于稀释前的农药量（W_1）与其有效成分浓度（N_1）的乘积，即 $W_1 N_1 = W_2 N_2$。由此可得：

$$稀释后的有效成分浓度（\%）＝\frac{稀释前的有效成分浓度（\%）×稀释前的农药量（kg）}{稀释后的药液总量（kg）}$$

或　$$稀释前的农药量＝\frac{稀释后的有效成分浓度（\%）×稀释后的药液总量（kg）}{稀释前的有效成分浓度（\%）}$$

例 1，将 5％己唑醇悬浮剂配成 0.02％的药液 1000kg，需药液量为：$\frac{0.02\%×1000}{5\%}＝4（kg）$。

例2，若将50％的吡蚜酮可湿性粉剂0.5kg稀释到1000kg，则稀释后的有效成分浓度为：$\dfrac{0.5\times50\%}{1000}=0.025\%$。

（2）倍数表示法的计算　稀释倍数在100倍以下时，要扣除药剂的重量，如将32.7％威百亩水剂0.5kg稀释成60倍液，则加水量为：$0.5\times(60-1)=29.5(kg)$。

在实际应用中，当稀释倍数大于100倍时，因为对稀释液浓度的误差已小于1％，往往不必再扣除药剂所占的一份重量，直接用被稀释农药的量乘以稀释倍数，即得出加水量。如将0.5kg 58％甲霜·锰锌可湿性粉剂稀释成600倍液，加水量为：$0.5\times600=300(kg)$。

欲求用药量时，可直接用加水量除以稀释倍数，如需将58％甲霜·锰锌可湿性粉剂稀释成600倍，配15kg（15000g）药液时，加药量为：$\dfrac{15000}{600}=25(g)$。

欲求稀释后的有效浓度，可直接用被稀释农药的有效浓度除以稀释倍数。如将58％甲霜·锰锌可湿性粉剂稀释成600倍液，其有效成分的浓度为：$\dfrac{58\%}{600}=0.097\%$。

（3）亩施有效药量的计算　常见商品农药的有效成分表示方法主要用百分比浓度，要想将这种浓度换算成有效成分的量，可直接用乘法。如5kg的58％甲霜·锰锌可湿性粉剂所含的有效成分量为：$5\times58\%=2.9(kg)$。

若已知亩施有效药量和药剂的浓度，求每亩需这种药剂的量，可直接用该药剂的亩施有效药量除以该药剂的浓度。如防治烟青虫时，每亩需用10％高效氯氰菊酯乳油有效成分为6.3～7.5mL加水喷雾，则每亩需这种乳油的量为：$\dfrac{6.3\sim7.5}{10\%}=63\sim75(mL)$。

注意：如果药剂为液体，则加药量的单位为毫升。

2.3　农药使用效果的评价

农药使用效果的评价，以药效调查结果为依据，可以用虫口或者病原菌减少的程度来表示，也可以以烟草的增产情况来表示。一般情况下，需要将这两种表示方法进行结合，才能恰当地表示出一种农药的防治效果。常用的有以下几个计算公式。

2.3.1　防治害虫的药效评价

（1）**地下害虫**　以烟草移栽后地下害虫为例：

$$保苗效果（\%）=（1-\frac{处理区被害株}{空白区被害株}）\times100\%$$

（2）**食叶害虫**　以烟青虫为例：

$$虫口减退率（\%）=\frac{施药前虫量-施药后虫量}{施药前虫量}\times100\%$$

$$校正虫口减退率（\%）=\frac{处理区虫口减退率-空白区虫口减退率}{1-空白区虫口减退率}\times100\%$$

（3）**蚜虫类**　如烟蚜虫量分级，0级：0头/叶。

1级：1～5头/叶。

3级：6～20头/叶。

5级：21～100头/叶。

7级：101～500头/叶。

9级：大于500头/叶。

对这类有害生物的统计可参考食叶性害虫的计算公式，但由于有时候虫口数量过大不好计数，可以采用一个标准进行估计。如将调查的范围划出后，估计每个单位面积的虫口数量，然后进行综合评价即可。

2.3.2　防治病害的药效评价

常用的有以下几个公式：

$$发病率（\%）=\frac{病苗（株、叶、秆）数}{检查总苗（株、叶、秆）数}\times100\%$$

$$病情指数（\%）=\frac{\sum（病级叶数\times该病级数）}{检查总叶数\times最高级值}\times100\%$$

$$相对防治效果（\%）=\frac{对照区病情指数-施药区病情指数}{对照区病情指数}\times100\%$$

$$绝对防治效果(\%)=\frac{对照区病情指数增长值-施药区病情指数增长值}{对照区病情指数增长值}\times100\%$$

上面计算公式中的病情指数是非常重要的，在评价防治效果时，将调查的对象分成不同的危害级别分别进行调查，然后进行计算，可以恰当有效地表达出防治效果。

2.4　农药安全控制的几个概念

2.4.1　剂量

剂量即指药剂在防治某种病虫害时的用药量。一种药剂能够发挥作用必须在一定的剂量范围内，在农药使用的过程中必须按照农药的使用剂量进行用药，不够剂量不足以实现防效，加大剂量造成的副作用更大。因此，精准用药首先要考虑有效剂量的恰当施用，禁止随意加大或减少农药施药量。

2.4.2　防效

农药对病虫草害的控制效果称为防效。防效的好坏不能直接体现药剂的优劣，因为药剂的使用也需要"因地制宜"，应正确选用适合当地的农药。在生产实践中，烟农往往追求100%防治效果，这是不科学的片面化的错误的思维定势。一是，追求100%防效，加重人力、物力、财力的投入，严重污染生态环境，打破物种的生态平衡；二是，违背有害生物综合治理（IPM）原则，只追求药剂的作用；三是100%很不科学，100%的防效意味着没有准确剂量范围的防效。

2.4.3　安全间隔期

农药的半衰期是指农药在某种条件下降解一半所需要的时间。农药的半衰期决定了该药剂的残留时间，半衰期越长该药的残留时间越长。

安全间隔期是指农药安全使用标准所规定的某种农药在作物

上，最后一次施药距收获的天数，安全间隔期又叫安全等待期。主要是保证收获时农药的残留量能降到允许的含量以下。由于烟草的采收具有时间比较长的特点，因此，要考虑每次采收对于施药的要求。当然，由于烟叶采收、烘烤和储存等方面的特殊性，在烟草上使用某种农药的安全间隔期不能按照在粮食或者蔬菜上的安全间隔期来确定。

在烟草上推荐使用的农药都存在着安全性问题，因此每种农药都有一定的安全间隔期。如涕灭威的安全间隔期大于 60 天，这意味着至少应在采收前 60 天施药。安全间隔期越短意味着该药在烟草上残留时间越短，相对来说比较安全；安全间隔期越长，意味着该药在烟草上残留时间越长，相对的安全性较差。

由于烟草收获的是烟叶，对烟草上使用的农药制定安全间隔期十分必要。虽然烟叶上的农药残留经过了烘烤、加工、储藏、燃烧等过程会降解很多，但烟叶毕竟是吸食产品，而且有些农药的降解与光降解的关系密切，储藏加工过程中降解比较少，因此，考虑到烟叶在田间的降解更为关键，那么在安全间隔期的考虑上就很有价值。

2.4.4　最多使用次数

最多使用次数主要是指一种农药在烟草的一个生长季节中，最多可以使用的次数。

最多使用次数可以避免在一个季节大量使用一种农药来控制一种病虫害，避免产生抗性；另外，一些病虫害的发生和气候、自身的生物学特点、烟草的生育期等有密切的关系，使用的次数过多，有时候就是一种浪费。如鳞翅目害虫在 3 龄之前用药，关键用药时间就只有 10 天左右，一代用一次药就够了，再多打药就会造成浪费和更多的污染。

此外，使用次数多，也有可能会增加农药的残留，使农药的安全间隔期不能很好起到安全间隔的作用等。

因此，国家烟叶公司对于推荐的每一种农药都规定了最多使用次数，建议农药使用者在掌握最多使用次数的时候，要注意和最佳防治时期相结合，和防治对象的发生规律相结合，和农药使用的环境条件相结合，和烟草的生长规律相结合。综合这些因素考虑，就可以在规定的使用次数之内，达到经济、合理、有效控制烟草病虫草害的目的。

2.4.5　推荐用量和最高用量

选择合适的农药用量是农药合理使用、控制农药残留的重要方面。应根据农药的性质、病虫草害的发生发展规律，辩证地对农药加以合理使用，以最少的用量获得最大的防治效果，既能降低成本，又能减少对环境和烟草产品的残留污染。

推荐用量一般是指控制某种病虫草害的合适用量。在这个剂量范围内，只要合理使用即可以达到有效控制有害生物的目的，低于这个剂量往往不能产生很好的防治效果，高于这个剂量同样会产生许多副作用，如增加残留、增强病虫草害的抗性，对烟草产生药害等。因此，需要制定一种药剂的最高用量。

所谓最高用量，一般是指每次使用的最高剂量。一般以每次使用的有效成分的量来表示，有时候为了方便起见，对于一种农药在含量一定的情况下，可以直接用每亩使用的商品量来表示。考虑到农药在使用过程中，需要进行稀释，因此也可以采用稀释倍数乘以每亩喷洒量来表示。如采用40%菌核净可湿性粉剂防治烟草赤星病，最高用量为400倍，即采用40%的菌核净可湿性粉剂每100g最少需要加水40kg进行稀释，由于每亩可以喷水50kg，40%的菌核净可湿性粉剂每亩的最大用量为125g。

一般情况下，推荐剂量就可以达到很好的控制效果，如果推荐剂量不能实现预期的防治效果就要换药，而不是加大剂量。加大剂量并不能产生更好的效果，反而会大大增加农药的残留和污染风险。在选用药剂控制烟草病虫草害的过程中，一定要按照推荐剂量进行施药，不要随意减少或者增加剂量，以免防效不好或者产生浪费，同时避免对烟草产生药害或者污染环境，增大农药残留等。

2.5 农药精准施用的关键问题

（1）谨慎选择用药　在烟草病虫害的防治过程中，最好的办法是通过品种选择和良好的农事操作，达到让病虫害少发生或不发生的目的。即使发生了病虫害也要考虑是否对烟草造成了经济损失，这个经济损失与防治成本比较之后，确实需要采取防治措施时，才考虑进行防治。在防治过程中，也要尽量采取不施药的办法，如对烟青虫的控制，首先应考虑采用诱集成虫的办法减低虫口基数，田间如果虫口数量不多，可以考虑人工的办法，以避免农药的污染。但是，在病虫害发生比较严重，而且又处于发生危害的高峰期时，就需要采取化学药剂进行控制。因此，可以将使用药剂进行有害生物控制的前提归纳为以下几点。

① 只有在栽培管理措施无法有效控制病虫草害的时候才使用农药（包括生长调节剂）。

② 正确诊断，对症用药。为了最大的获益，最基本的是要清楚病害及其严重性，特别要明确病害的种类。

③ 使用经过登记、批准和试验验证可行的农药来控制烟草病虫害，没有在烟草上登记或者没有经过烟草部门试验验证的农药禁止在烟草上使用。

④ 要严格遵守使用规则和指南，按照每一种农药的应用技术和使用说明进行操作。

⑤ 对使用的农药要精确记录其有效成分、产品特性、施用量及施用日期。

⑥ 恰当运用农药的轮换和混配技术，以避免病虫对农药产生抗药性。

⑦ 明确每种药物的毒性特点，严格按照安全间隔期和推荐剂量、次数施药，时刻注意残留动态，必须将农药残留控制在规定的范围内。

⑧ 烟草上使用农药必须以保障烟草品质不受影响为前提，对烟草品质产生不利影响的农药，即使对病虫有很好的控制效果也不能在

烟草上使用。

（2）**选择恰当的施药时期**　选择恰当的施药时期，即使减少用药量，也能够起到好的防治效果，如果不能选择好恰当的时期，即使用了药也可能达不到防治的目的。

害虫。应选择最易杀伤害虫，并能有效控制为害的阶段进行施药。对食叶害虫和刺吸式口器害虫一般在低龄幼虫、若虫盛发期防治为好，如烟青虫的施药一定在卵孵化后到幼虫 3 龄之前施药；对钻蛀性害虫一般在卵孵化盛期防治为好；如烟草蛀茎蛾的防治，应在卵孵化盛期，幼虫尚未钻蛀到茎干或者主脉之前用药剂进行控制，如果已经蛀进了茎干或者叶柄，一般的药剂效果都不太理想。

病害。对病害来说，易感病的生育期都是防治适宜时期。但流行性病害要注意在病害还没有大规模流行之前施药进行预防。烟草病害控制一定要树立预防为主的思想，预防要结合实际情况，并不是普防。青枯病和病毒病目前还没有一种特效药，但预防的药剂很多，只要按照病害发生规律，恰当选择预防的时期，就能够进行控制。对于一些经常发病的地区，特别是系统性病害，如青枯病和病毒病的常发区域，一定要全面进行预防处理，一旦出现了病症，再采用药剂进行防治就已经晚了。

杂草。以种子繁殖的杂草，在幼芽或幼苗期对除草剂比较敏感。因此，这一时期就作为防除杂草的适期。对于一些根系发达的杂草，施药的适期没有明确的限制。对于烟田杂草的防除，还要结合烟草的特点，选择对杂草有效而对烟草安全的时期施药。一般在杂草幼苗期或者烟草移栽前，杂草出苗后施药是比较恰当的。

作物。药剂对作物的安全性是确定施药适期的先决条件，一旦发生病虫害，使用药剂要在确保烟草本身安全的前提下进行控制，不能对烟草造成药害。

（3）**必须讲究对症下药**　根据病虫草种类和农药的性能选用适当的品种，做到对症下药，农药只有被正确使用时才有助于控制病虫草害。

烟草病虫草害的种类很多，各地差异很大。在进行防治之前，要明确防治对象的特点，恰当用药。例如，烟草细菌性病害的防治，在北方一些烟区有效的药剂在南方不一定有效，如氧乐果和溴氰菊酯在河北可以防治蚜虫，但在甘肃却无效，因此，即使一些药剂的说明书上列出了一些防治对象，农民在使用的时候也要再咨询一下当地的植保技术人员。

烟草上最容易混淆的病害如黑胫病和青枯病都是烟草的根茎病害，如果没有分清是细菌性病害还是真菌性病害就施药，结果肯定是不理想的。

在确定防治对象的基础上，应选用合适的农药品种。农药的品种和类型不同，其作用方式、毒性机理、防治对象和范围也不同，有的能兼治多种病害或虫害，有的只能防治某一种。在使用某种农药时，必须先了解该农药的性能和防治对象，然后对症下药，才能取得良好的防治效果。例如，内吸杀虫剂涕灭威经烟株吸收后才能发挥杀虫作用，对刺吸式口器害虫（蚜虫）有效，对天敌安全，使用时要根据药剂内吸传导的特点确定合适的使用方法，一般采用穴施。中国烟叶公司从1999年起为规范烟草农药使用，每年都向全国推荐在烟草上使用的农药品种及使用方法，并规定了禁止在烟草上使用的农药品种。虽然从2017年起，国家烟草专卖局不再推广应用农药品种，但各地仍对烟用农药进行了技术分析和适用性验证，在各地的生产技术方案中都会有所体现。

（4）浓度和用量要适当　　用药浓度和用量是根据科学试验结果和群众实践经验而制定的，可以在推荐的剂量下有效地控制病虫害，一般情况下，不要减少剂量，同时也不能随意加大剂量，加大剂量不仅不利于控制病虫害，还有可能诱发病虫产生抗药性，甚至会使烟草产生药害。因此要防止盲目加大药剂浓度和药量，防止定期普遍施药，避免配药时不称不量，随手倒药的不合理做法。一些烟农总是凭自己的感觉施药，最后，要么是产生药害，造成残留超标，要么是防治效果不理想，需要重复用药。如采用恶霉灵预防黑胫病，每亩15mL就可以，但一些农民觉得用药少了，效果可能不好，于是每亩用了25mL，最后导致一些烟苗出现严重的药害。

因此，一般情况下一定要按照推荐剂量和最多使用次数进行用药，如果在推荐剂量下效果不好或者没有效果，就应该更换药剂，而不应该是加大剂量。

（5）**充分利用防治阈值选择合适防治时期** 防治阈值有时又叫经济阈值，是指防治成本与危害造成的损失相等的程度。如果危害比防治成本高，就要进行防治，如果危害损失不及防治成本，就可以考虑不进行防治。因此，看到烟田稍有病虫为害就采取化学防治或烟株病虫发生程度比较严重时才施药的做法都是不可取的。一般根据当地烟草病虫害预测预报部门提供的病虫发生情报，结合田间病虫发生情况，在病虫发生初期防治。对病害来说，大多数情况下施药时期偏晚，病害往往在流行后期才被重视，此时开始施药大多数情况下防病保产效果不理想。一般来说，蚜虫的防治指标为每百株蚜虫数量达到500头，烟青虫的防治指标为每百株幼虫数量超过10头。对大多数叶斑病害而言，发病率达到5％，就需要化学防治；对病毒病可根据农时在移栽前、团棵期和旺长前期喷药，可有效预防。从经济学的角度看，个别的烟株发生病虫害是正常的，若没有达到经济阈值，应提倡采用农业措施如及时拔除个别病害烟株或人工捉虫等来控制病虫害。化学防治的宗旨是既能最大限度地防治病虫害，又能保证防治成本控制在最低水平，应使两者充分协调，接近或达到成本投入和收益的"黄金结合点"。

（6）**要注意均匀施药** 药剂只有均匀周到地分布在烟草或病虫表面，才能取得良好的防治效果，如果不均匀施药，一方面可能导致局部地方药量太多，容易造成药害；另一方面一些部位因为没有药剂而导致不能有效控制病虫草害。因此，施药时必须考虑病虫草害的生物学特性、为害规律和药剂的使用特性，确保病虫草全面接触药剂。如烟青虫各代在烟株上产卵的分布有很大差异，在黄淮烟区，第二代烟青虫卵分布比较集中，主要在嫩叶正面、心叶及嫩茎上，而以嫩叶正面为主，其卵量占总卵量的70％，这时用菊酯类农药1500倍或高效氯氰菊酯3000倍对嫩叶和心叶喷雾，能收到很好的防治效果。而第三代烟青虫的卵分布比较分散，且虫期不整齐，这时施药应全面周到。初孵幼虫昼夜活动，取食嫩叶，2龄前幼虫对药剂非常敏感，正是防治的好时机。3龄后，烟青虫白天潜伏在叶片下，夜晚及清晨取食叶片、嫩蕾和嫩茎，需要到傍晚施药而且施药量要相应增加才能取得较好效果。从烟青虫的生物学特性和为害规律看，为有效控制烟青虫为害，必须对第二代进行重点防治，将其消灭在 3 龄以前，既经济又有效。又如，烟草黑胫病是土传病害，生长季节通过雨点飞溅或浇水水流传播，病菌首先侵染根茎部和下部叶片，在施药时应采用灌根或对下部叶片喷雾的方式。但生产中烟农常对中上部叶片集中喷雾防治，既浪费了人力物力，防治效果也不理想。

（7）讲究防治方法和用药质量　　在田间施药时，要细致周到，讲究质量。根据病虫在作物上危害的部位，把农药用在要害处。不同的农药剂型，应采用不同的施药方法。一般说来乳剂、可湿性粉剂、水剂等以喷雾为主；颗粒剂以撒施或深层施药为主；粉剂以撒毒土为主；内吸性强的药剂，可采用喷雾、泼浇、撒毒土法等；触杀性药剂以喷雾为主。为害上部叶片的病虫，以喷雾为主；钻蛀性或为害作物基部的害虫，以撒毒土法或泼浇为主。凡夜出为害的害虫，以傍晚施药效果较好，如对小地老虎（土蚕）的防治，就不能在上午或者中午阳光很强的时候去施药。对于烟草地下害虫的防治一定要在移栽当天采用带水、带肥、带药的"三带"技术，可以很好地控制地下害虫的为害，避免对移栽烟苗的伤害。

（8）合理轮换和恰当混用农药　　一种病虫长期使用某一种农药防治，就会产生抗药性，如甲霜灵对烟草黑胫病有很好的防治效果，但如果连续 2～3 年使用该药进行防治，黑胫病菌就会产生明显的抗药性，再使用该药效果就不好或者无效。而如果轮换使用作用机制不同的农药品种，就会提高农药的防治效果。农药的合理混用不但可以提高防效，而且还可扩大防治对象，延缓病虫产生抗药性。但不能盲目混用，否则，不仅造成浪费，还会降低药效，甚至引起人畜中毒等不良后果。

（9）特别注意农药残留和安全间隔期　　在使用农药时，要严格遵照安全使用规程，防止中毒事故发生，同时要注意农药残留问题。防止农药残留的关键是要严格选用推荐品种，使用浓度、使用次数都在推荐使用的范围内。在烟草上，使用农药还要注意安全间隔期的问题。如某种农药的安全间隔期为 7 天，那么烟农要使用该药，就必须在烟叶采收的 7 天以前施药。任何一种农药都有安全间隔期，为了保证农药在烟草上的残留不超标，烟农一定要注意不要在每一种农药的安全间隔期内施药。

（10）注意药剂和微量元素的混合使用　一些烟草病害的发生与缺失一些微量元素有密切的关系，一旦病害发生仅仅靠喷施药剂是很难达到预期效果的。因此，在采用化学药剂防治病害的过程中，在化学药剂中混用一些微量元素可以达到很好的控制效果。如在采用宁南霉素防治病毒病时，同时喷洒一些微量元素锌肥，就可以更好地缓解症状；在防治青枯病的药剂噻菌酮中添加一些钼素，也能很好地提升效果；在防治叶部病害赤星病和野火病时，将药剂和磷酸二氢钾混用可以起到很好的防控作用。

第 3 章

烟草病害的精准科学用药技术

3.1　烟草的病害观

烟草在生长过程中，受自身因素、环境因素、病原物因子以及人为耕作等多种因素的影响，会产生生长不良、受害死亡的现象，这些统称为烟草病害。发生在烟草上的病害可分为侵染性病害和非侵染性病害。

3.1.1　侵染性病害

侵染性病害是由一些致病微生物或者侵染性植物与烟草互作造成的，这些病原微生物包括病毒、细菌、真菌、线虫等，侵染性植物主要是寄生性种子植物（如列当）。病害的发生会表现出不同程度的病态或受害症状，这些病变都有一个从点到面、逐渐加深、持续失调的发生发展过程。据估计，全国烟叶生产每年因侵染性病害遭受的损失普遍在 $10\%\sim15\%$，严重烟田发病率达 $70\%\sim90\%$，甚至绝收。

根据 $2010\sim2014$ 年我国 23 个产烟省（区、市）的调查，目前有烟草侵染性病害较多，其中真菌性病害 35 种、细菌性病害 7 种、病毒病害 25 种、线虫病害 16 种及寄生性种子植物 2 种。主要烟草病害是（按为害严重程度及分布范围排序）普通花叶病毒病、黑胫病、青枯病、赤星病、野火病、根结线虫病、靶斑病、马铃薯 Y 病毒病、黄瓜花叶病毒病、蛙眼病、空茎病、炭疽病、猝倒病、角斑病、根黑腐病、蚀纹病毒病等。真菌病害中，烟草黑胫病和赤星病为害最为严重。细菌病害中，烟草青枯病为害最为严重。病毒病害中，烟草普通花叶病最为严重，其次是烟草马铃薯 Y 病毒病。

烟草病害根据其对烟草的为害情况和流行规律可以分为三大类，统称为"三病"，一是烟草病毒病，以烟草普通花叶病毒（TMV）病为代表，为系统性病害，危害比较普遍；二是烟草叶部病害，主要是指气流媒介传播的病害，以赤星病、野火病、白粉病等为代表，有系统性病害也有局部为害的病害；三是烟草根茎病害，以青枯病、黑胫病、线虫病为代表，主要是经过土壤媒介传播，有系统性病害也有局部危害的病害。根据全国烟草病虫害预测预报和综合防治网的信息，主要病害的发生和损失情况见表 3-1。

表 3-1　全国烟草主要病害的发生和损失情况（2009）

病害种类	发生面积/万亩	产量损失/万千克	产值损失/万元
病毒病	486.68	1894.73	32274.17
黑胫病	103.19	1170.01	21928.24
赤星病	137.73	846.17	24607.36
青枯病	48.98	514.53	10552.25
野火病	55.84	365.88	4258.95
根黑腐病	14.94	114.36	1362.18
根结线虫病	8.00	239.11	1519.97

注：资料来源于《中国烟叶生产实用技术指南》，中国烟叶公司，2010。

对于侵染性病害可以采用药剂进行防治，但药剂一定要针对病害的发生特点在关键时期用药。

3.1.2　非侵染性病害

非侵染性病害是指由非生物因素引起的病害，这些非生物因素一般包括营养物质缺乏或过多，水分供应不协调，温度过高或过低，日照不足或过强，土壤和空气中有毒物质的存在，农药使用不当等，这类病害有时又叫生理病害。如烟草上发生的气候性斑点病、烟草缺素症、除草剂药害等。

非侵染性病害发生后，常常导致烟株抵抗力下降，一般会诱发侵染性病害的发生。

对于非侵染性病害的防治，要根据病因采用针对性措施，杀菌剂对这类病害不起作用。

3.1.3 烟草病害群

根据病害发生的特点以及与烟草的关系，可以把烟草病害分成以下几个类群，一是苗期病害群，主要是茎腐病、猝倒病、根腐病及灰霉病等；二是叶部病害群，主要是赤星病、靶斑病、野火病、白粉病、炭疽病等；三是根茎病害群，主要是青枯病、黑胫病、根黑腐病、镰刀菌根腐病、线虫等；四是病毒病群，主要是烟草花叶病毒病、马铃薯 Y 病毒病、番茄斑萎病毒病、蚀纹病毒病、黄瓜花叶病毒病等；五是非侵染性病害群，主要是气候斑点病、缺素症、药害症、毒素症等。在推进烟草绿色防控过程中，我们重点关注三大靶标类群，分别是病毒病、叶部病害（赤星病和野火病），以及根茎病害（青枯病和黑胫病）。对生产实践和危害程度而言，我们只要把三个大的靶标类群的发生与危害控制好了，烟草的病害损失就可以大大降低。

不管是侵染性病害还是非侵染性病害，发生在烟草上的病害都是烟草自身不健康的表现。当烟草自身抵抗力足够强大时，烟草的整体发病就轻，防控的压力也小；烟草自身抵抗力弱时，发病就重，防控的压力就大，一般的防控措施就很难奏效。因此，从烟草的病因观上讲，烟草病害防控的出发点是要培育和提高烟草自身的抵抗力，然后再借助于其他手段和措施。

3.2 杀菌剂及其作用

3.2.1 杀菌剂的概念

用于防治植物侵染性病害的化学农药，通称为杀菌剂。根据防控病原菌种类的不同，杀菌剂包括：杀真菌剂、杀细菌剂、抗病毒剂、杀线虫剂、杀原生动物剂、杀藻剂六类。

传统的杀菌剂是指把病菌杀死的药剂，其作用靶标是病原菌本身，可以把病原菌的菌体、孢子、致病因子等灭活，从而达到控制病害的目的，大多数杀真菌剂都具有这种功能。

而在目前所使用的杀菌剂中，很多在控制病害发生的过程中并没有把病菌杀死，抗病毒剂更不能把病毒杀死，目前还没有商品化的杀病毒药剂。杀菌剂主要是通过以下途径达到防病的目的：一是抑制其生长或使病菌孢子不能萌发，菌丝停止生长；二是对病菌无毒性作用，而是改变病菌的致病过程；三是通过调节植物代谢，诱导（提高）植物抗病能力，这类杀菌剂有时候又叫植物抗性诱导剂等。

所有这些能达到防治植物病害目的的化学物质都包括在广义的"杀菌剂"一词中。针对烟草上不同的病害有不同的杀菌剂，针对不同的杀菌剂有不同的应用技术。杀菌剂对烟草的保护作用就体现在这些药剂可以控制危害烟草正常生长的病原菌上，并能够确保烟草的健康生长。

3.2.2 采用杀菌剂控制烟草病害的原理

采用杀菌剂控制烟草病害的原理主要包括化学保护、化学治疗和化学诱抗三个方面。

（1）化学保护 化学保护是指病原菌侵入烟草之前用药把病原菌杀死或阻止其侵染，使烟草避免受害而得到保护。化学保护有两条途径：

① 在病原菌来源处施药。病原菌来源包括病菌越冬越夏场所、中间寄主、带菌土壤、带菌种子、繁殖材料和田间发病中心等。在病原菌来源（除田间发病中心和中间寄主外）上施药，特别是用高效、持效期长的三唑类内吸剂作种子包衣剂，对种传、土传和气流传播的叶丛病害的防治效果非常明显。

② 在可能被侵染的植物表面施药。对大多数气流传播的叶丛病害，如赤星病、野火病，这是最有效的化学保护途径。施药使植物表

面形成一层均匀的药膜，病菌孢子不能萌发侵染。内吸杀菌剂由于能被植物吸收和传导，所以分布能力好，喷药次数和用药量上均比保护剂少。

对于烟草的一些系统性病害，如病毒病、青枯病、黑胫病等的控制要注意采用化学保护的基本原理进行综合防治。

（2）**化学治疗** 植物被侵染发病后也可以用化学药剂控制病害的发展，这些药剂能将病菌杀死或抑制病菌生长，从而起到保护植物的目的，这种方法称化学治疗。一般来说，化学治疗比化学保护困难得多，因为病菌侵入植物后，与植物细胞有着密切的关系，药剂进入植物体内，既要对病菌有毒杀或抑制作用，又不会对植物造成伤害，要达到这个目的，只有内吸性杀菌剂才能实现。

化学治疗有三种类型：

① 局部（外部）化学治疗。如黑胫病侵染初期，可以采用在根茎部喷淋这一局部施药的办法，达到防治。有的烟农对烟草青枯病和空茎病的控制采用对准烟株病害部分划开一个伤口，让病菌和体液流出一部分后，再用抗菌药剂等进行治疗的方法，也能够达到一定的效果。

② 表面化学治疗。有少数病菌主要是附着在植物表面，如白粉病菌，或在植物角质层与表皮层之间活动，如黑星病菌，前者使用石硫合剂或喷洒硫黄粉，把表面病菌杀死；后者使用渗透性较强的杀菌剂，都可起到杀菌治疗作用。

③ 内部化学治疗。化学治疗严格地说是这一类型，即药剂能进入已感病的植物体内，使病害得到控制。典型的化学治疗剂必须具有内吸性，并有两种可能的作用：一是药剂对病菌的直接毒杀、抑制作用或影响病菌的致病过程；二是药剂影响植物代谢，改变植物对病菌的反应而减轻或阻止病害的发生，亦即提高植物对病菌的抵抗力。

（3）**化学诱抗** 化学诱抗是利用化学物质使植物产生某种抗病性。植物抗病性的出现，是植物细胞潜在的抗性基因表达的结果，这种基因的表达可以通过生物的或非生物的诱导作用来达到。非生物的诱导剂则可看作一种新型的杀菌剂。

抗性诱导是杀菌剂应用的另一个重要方面。氨基寡糖素、S-诱抗素等可诱导烟草的抗病性，对多种真菌、细菌和病毒产生免疫和杀灭作用；作为植调剂应用的芸苔素内酯等，也可通过诱导烟草的抗病性能，而达到对一些病害的控制作用。

化学诱抗剂有别于动物的疫苗，动物的疫苗具有特异性诱导动物免疫的功能，对特异性的病害有抗性反应；而植物的化学诱抗剂常常是诱导植物的系统抗性，诱导表达出的抗性可使植物对多种病虫害都有一定的抗性。

3.3　烟草主要病害精准用药防控的技术要点

3.3.1　烟草病害的控制对策

烟草发病是烟草不健康的综合体现，不能总是把原因归结到病原上，烟草的土壤保育、卫生栽培、抗性培养、营养平衡等是控制病害的重要的基础，这是病害防控的基本出发点。

烟草病害防治的目的有两个，一个是保障烟叶的产量和质量的稳定与提升；另一个是保障烟叶及其产品的安全性，即无公害。由于吸烟健康是一个世界性的焦点问题，国际市场和国内公众对烟叶原料和烟制品的危害控制非常关注，从这个意义上讲，推进烟草绿色防控，保障烟叶质量安全的意义远胜过仅仅对病害的防治。

从病害防控的目的和病害防控的基本出发点考虑，对烟草病害的防控要综合考虑以下几个方面：

一是尽量选择适宜种植烟草的土地，把土壤的保育和健康维护当作病害防控最基础的工作；

二是根据各地的具体生态条件，结合工业对原料的需求，选择合适的抗病品种；

三是要尽量施用有机肥，平衡大、中、微量元素，减少化肥的使用量，保障烟草的营养抗性；

四是要卫生操作，避免交叉感染；

五是合理轮作，前茬尽量选用禾本科作物，种植绿肥，及时翻压；

六是加强田间管理，注意除草、揭膜、上厢、培土、排水等；

七是加强病情监测，及时清理病残株，在发病中心进行消毒处理；

八是提前精准用药，注意保护剂的使用。

从烟草健康栽培和安全维护的角度讲，以上八个病害防控环节都十分重要，可以看出，采用药剂防控是最后一个环节，也可以说，只要前面的工作做得好，这个环节是可以省略的。

3.3.2 烟草病毒病的精准用药防控

（1）烟草病毒病的发生特点和防治难点

① 病毒病种类繁多，而且每一种病毒都有多个株系，经常混合侵染；烟草上主要的防控对象为烟草普通花叶病毒、马铃薯 Y 病毒、蚀纹病毒以及番茄斑萎病毒等。

② 病毒病是系统性病害，症状复杂，经常有带毒不显症的情况出现。

③ 传播途径复杂，有土壤传毒、接触摩擦传毒，也有昆虫带毒传毒。

④ 病毒是否发生以及是否造成危害与烟草的抵抗力密切相关，抗性条件的优化和抗性水平的提升是预防病毒病最主要的途径。

⑤目前还没有直接杀死病毒的药剂，能够抗病毒的药剂大多与烟草的抗性提升有关。

（2）防治病毒病害的药剂

① 可选药剂：8％宁南霉素水剂、2％氨基寡糖素水剂、0.06％甾烯醇微乳剂、2％香菇多糖水剂、6％寡糖·链蛋白可湿性粉剂、10％混合脂肪酸水乳剂、3％超敏蛋白微粒剂、6％烯·羟·硫酸铜可湿性粉剂、40％混合脂肪酸水乳剂、24％混脂·硫酸铜水乳剂、20％吗胍·乙酸铜可湿性粉剂、30％盐酸吗啉胍可溶粉剂、5.6％嘧肽·吗啉胍可湿性粉剂、18％丙唑·吗啉胍可湿性粉剂、2％嘧肽霉素水剂等。可选药剂的使用技术要点见表 3-2。

表 3-2　防治烟草病毒类病害可选药剂的使用技术要点

序号	产品名称	有效成分常用量	有效成分最高用量	施药方法	最多使用次数	安全间隔期/d
1	8%宁南霉素水剂	1600 倍液	1200 倍液	喷雾	4	10
2	2%嘧肽霉素水剂	1000 倍液	600 倍液	喷雾	4	10
3	18%丙唑·吗啉胍可湿性粉剂	11.25g/亩	13.5g/亩	喷雾	4	10
4	5.6%嘧肽·吗啉胍可湿性粉剂	1200 倍液	700 倍液	喷雾	4	10
5	20%盐酸吗啉胍可湿性粉剂	400 倍液	300 倍液	喷雾	4	10
6	20%吗胍·乙酸铜可湿性粉剂	1200 倍液	800 倍液	喷雾	4	10
7	24%混脂·硫酸铜水乳剂	900 倍液	600 倍液	喷雾	4	10
8	30%混脂·络氨铜水乳剂	12g/亩	15g/亩	喷雾	4	10
9	40%混合脂肪酸水乳剂	20mL/亩	30mL/亩	喷雾	4	10
10	6%烯·羟·硫酸铜可湿性粉剂	20g/亩	30g/亩	喷雾	4	10
11	2%氨基寡糖素水剂	600 倍液	400 倍液	喷雾	4	10
12	0.06%甾烯醇微乳剂	0.018g/亩	0.036g/亩	喷雾	4	10
13	10%混合脂肪酸水乳剂	800 倍液	600 倍液	喷雾	4	10
14	2%香菇多糖水剂	0.5g/亩	0.83g/亩	喷雾	4	10
15	3%超敏蛋白微粒剂	10g/亩	15g/亩	喷雾	4	10
16	6%寡糖·链蛋白可湿性粉剂	4.5g/亩	6g/亩	喷雾	4	10

注：资料来源于全国烟草病虫害测报一级站，烟草病虫信息，2019 年第 2 期。

② 主推药剂：8%宁南霉素水剂、2%氨基寡糖素水剂、2%香菇多糖水剂、3%超敏蛋白微粒剂、20%吗胍·乙酸铜可湿性粉剂、6%寡糖·链蛋白可湿性粉剂。

③ 安全系数较高药剂：2%氨基寡糖素水剂、2%香菇多糖水剂、3%超敏蛋白微粒剂、6%寡糖·链蛋白可湿性粉剂。

（3）病毒病防控精准用药的要点

① 目前为止，没有一种药剂可以杀死病毒，因此抗性提升和健康维护是病毒病防控的关键，免疫诱导是病毒病药剂防控的核心。

② 提前用药，特别是苗期用药，可以达到健壮植株、提升抗性、避免侵染的作用。

③ 特别注意移栽期的药剂保护，避免摩擦接触传染，提升幼苗抗性，避免这个阶段感染病毒；移栽过程中充足的水分，保障早生快发也是预防病毒病的重要措施。

④ 抗病毒药剂和硫酸锌等微肥混用，可提高防治效果。

⑤ 对于马铃薯 Y 病毒病、番茄斑萎病毒病等虫传病毒病，防治迁飞性害虫是关键，苗期设置防虫网、移栽后及时插放色板，对于控制迁飞害虫传毒十分关键。

⑥ 烟株矮化明显、缺肥或脱肥明显的，适时追施速效氮肥（团棵及以前）；防治黄瓜花叶病，要统防统治烟蚜和烟粉虱等传毒害虫；马铃薯 Y 病毒病，以整株拔除处理为主，并对周围烟株喷施药剂。

3.3.3　烟草根茎类病害的精准用药防控

（1）烟草根茎类病害的发生特点和防治难点

① 根茎类病害包括青枯病、黑胫病、根黑腐病、镰刀菌根腐病、线虫病等，都是土壤传播病害，与土壤微生态和土壤质地关系密切。

② 病原微生物危害根茎部，看到发病症状，一般已经到了发病后期，药剂防控效果不佳，预防十分关键。

③ 根际微生物调控，构建健康的根际微生态环境，保障根系健康是控病的关键。

④ 土壤酸碱度和土壤元素状况对发病影响显著，平衡土壤酸碱度、增施有机肥和补充微量元素对控病十分重要。

⑤ 烟草根系分泌物与发病密切相关，实施轮作，增施绿肥、有益菌，消化降解根系分泌物是控制根茎病害发生的重要途径。

（2）防治根茎病害的药剂

① 可选药剂：根据全国烟草病虫害测报网的信息，并结合多年的试验分析，防控烟草根茎类病害可使用的药剂共 42 种，其中单剂有 16 种，复配制剂有 15 种，不同剂型的有 11 种，微生物菌剂有 8 种。控制根黑腐病的有 2 种，控制黑胫病的有 23 种，控制青枯病的有 8 种，控制根结线虫的有 9 种。这些药剂中，大多是用来控制黑胫病的，对于青枯病，药剂一般只是预防作用。各种药剂（去掉名称相同而剂型不同的重复药剂）的应用技术要点见表 3-3。

表 3-3　防治烟草根茎类病害可选药剂的使用技术要点

序号	产品名称	防控对象	有效成分常用量	有效成分最高用量	施药方法	最多使用次数	安全间隔期/d
1	70％甲基硫菌灵可湿性粉剂	根黑腐病	1000 倍液	800 倍液	喷淋、窝施	2	15
2	722g/L 霉威盐酸盐水剂	黑胫病	900 倍液	600 倍液	喷淋茎基部	2	10
3	25％甲霜·霜霉威可湿性粉剂	黑胫病	800 倍液	600 倍液	喷淋茎基部	2	10
4	68％丙森·甲霜灵可湿性粉剂	黑胫病	40.8g/亩	68g/亩	喷淋茎基部	2	10
5	48％霜霉·络氨铜水剂	黑胫病	1500 倍液	1200 倍液	喷淋茎基部	2	10
6	51％霜霉·乙酸铜可溶液剂	黑胫病	17.85g/亩	22.95g/亩	喷淋茎基部	2	10
7	72％甲霜·锰锌可湿性粉剂	黑胫病	800 倍液	600 倍液	喷淋茎基部	2	10
8	68％精甲霜·锰锌水分散粒剂	黑胫病	68g/亩	81.6g/亩	喷淋茎基部	2	10
9	64％噁霜·锰锌可湿性粉剂	黑胫病	130g/亩	192g/亩	喷淋茎基部	2	10
10	20％噁霉·稻瘟灵微乳剂	黑胫病	8g/亩	12g/亩	喷淋茎基部	2	10
11	80％烯酰吗啉水分散粒剂	黑胫病	18.75g/亩	25g/亩	喷淋茎基部	2	10
12	50％氟吗·乙铝可湿性粉剂	黑胫病	40g/亩	50g/亩，	喷淋茎基部	2	10
13	20％辛菌胺醋酸盐水剂	黑胫病	20g/亩	30g/亩	喷淋茎基部	2	10
14	50％吲唑磺菌胺水分散粒剂	黑胫病	5g/亩	7.5g/亩	喷雾		

序号	产品名称	防控对象	有效成分常用量	有效成分最高用量	施药方法	最多使用次数	安全间隔期/d
15	10亿/g枯草芽孢杆菌粉剂	黑胫病	100g/亩	125g/亩	喷淋茎基部	4	10
16	100万孢子/g寡雄腐霉菌可湿性粉剂	黑胫病	5g/亩	10g/亩	喷淋茎基部	4	10
17	3000亿个/g荧光假单胞杆菌粉剂	青枯病	560g/亩	660g/亩	灌根	4	10
18	10亿CFU/g解淀粉芽孢杆菌可湿性粉剂	青枯病	150g/亩	200g/亩	①浸种;②苗床泼浇;③灌根	4	10
19	0.1亿CFU/g多粘类芽孢杆菌细粒剂	青枯病	1250g/亩	1700g/亩	①浸种;②苗床泼浇;③灌根	4	10
20	20%噻菌铜悬浮剂	青枯病	700倍液	300倍液	喷雾	3	10
21	52%氯尿·硫酸铜可溶粉剂	青枯病	35g/亩	46.22g/亩	灌根	3	10
22	25%溴菌·壬菌铜微乳剂	青枯病	13.75g/亩	15g/亩	喷雾	3	10
23	3%阿维菌素微胶囊剂	根结线虫	23g/亩	30g/亩	穴施	1	10
24	10%噻唑膦颗粒剂	根结线虫	150g/亩	200g/亩	撒施	2	10
25	9%甲维·噻唑膦水乳剂	根结线虫	25g/亩	35g/亩	灌根或穴施	1	10
26	25%阿维·丁硫水乳剂	根结线虫	2500倍液	2000倍液	灌根	1	10
27	25%丁硫·甲维盐水乳剂	根结线虫	6.25g/亩	8.75g/亩	灌根或穴施	1	10

序号	产品名称	防控对象	有效成分常用量	有效成分最高用量	施药方法	最多使用次数	安全间隔期/d
28	100亿芽孢/g坚强芽孢杆菌可湿性粉剂	根结线虫	800g/亩	1200g/亩	穴施	2	10
29	2.5亿个孢子/g厚孢轮枝菌微粒剂	根结线虫	1500g/亩	2000g/亩	穴施	1	10

注：资料来源于全国烟草病虫害测报一级站，烟草病虫信息，2019年第2期。

② 主推药剂：

防治根黑腐病：70%甲基硫菌灵可湿性粉剂；

防治黑胫病：68%精甲霜·锰锌水分散粒剂、80%烯酰吗啉水分散粒剂、50%氟吗·乙铝可湿性粉剂、50%吲唑磺菌胺水分散粒剂、10亿/g枯草芽孢杆菌粉剂；

防治青枯病：0.1亿CFU/g多粘类芽孢杆菌细粒剂、100亿/g苗强壮组合药剂、20%噻菌铜悬浮剂；

防治根结线虫病：9%甲维·噻唑膦水乳剂、25%阿维·丁硫水乳剂、2.5亿个孢子/g厚孢轮枝菌微粒剂。

③ 安全系数较高药剂：10亿/g枯草芽孢杆菌粉剂、0.1亿CFU/g多粘类芽孢杆菌细粒剂、2.5亿个孢子/g厚孢轮枝菌微粒剂、52%氯尿·硫酸铜可溶粉剂、3%阿维菌素微胶囊剂。

④ 残留风险较大的药剂：70%甲基硫菌灵可湿性粉剂、72%甲霜·锰锌可湿性粉剂等。

（3）精准用药的要点

① 精准诊断，确认是什么病原，选择针对性的药剂。青枯病为细菌，黑胫病为卵菌，根黑腐为真菌，线虫为动物，防控这些根茎病害选用药剂是不一样的。

② 以拮抗菌群的增施为用药核心，构建生物屏障，优化根际微生态是控制根茎病害的重要技术措施。土壤保育是基础，酸化土壤必须先调酸，同时加大农家肥用量；采用育苗基质拌菌（每亩烟苗100g苗强壮组合药剂），穴施菌剂，有机肥拌菌（100kg有机肥拌

1kg 根茎康菌剂），占领生态位，抑制病原菌，促进烟株健康生长。

③ 黑胫病发病重的区域：穴施药剂＋发病初期灌根，灌根后培土控制效果突出；青枯病发病重的区域，移栽前，窝施乙蒜素或者噻菌酮进行处理，减少病原基数；团棵期时，采用 3000 亿个/g 荧光假单胞杆菌粉剂 600g/亩灌根；也可采用 0.1 亿 CFU/g 多粘类芽孢杆菌 1500g/亩灌根，间隔 7～14 天，连续用药 2 次。

④ 青枯病、线虫必须在病原菌侵染前或者是发病区域在烟株没有出现症状前用药，黑胫病和根黑腐可以在发病初期用药。

⑤ 对于一些根系发育不良，或者不能早生快发的烟株，可在防治药剂中添加适量的生根粉或胺鲜酯，以促进根系发育，增加抵抗力。

3.3.4　烟草叶斑类病害的精准用药防治

（1）烟草叶斑类病害的发生特点和防治难点

① 烟草叶斑类病害种类繁多，苗期的炭疽病，早期和后期野火病，中后期白粉病、靶标病、棒孢霉叶斑病，成熟期的野火病和赤星病等，主要危害叶片，造成烟叶的产量、质量严重受损。

② 该类病害为气流传播，一旦发生，传播蔓延迅速，发生面积较大。

③ 该类病害的发生与环境因子的关系密切，品种抗性是能否发病的基础，水肥管理是影响发病的最重要因子，气候因子是诱导发病的关键因子。

④ 早期药剂预防可以起到很好的防控效果，但连续使用一种化学药剂病原菌容易产生抗药性，残留风险大。

（2）防治叶斑类病害的药剂

① 可选药剂：根据全国烟草病虫害测报网的信息，并结合多年的试验分析，叶斑类病害可使用的药剂一共也有 42 种：炭疽病 4 种，白粉病 7 种，赤星病（含靶斑病、棒孢霉叶斑病）18 种，野火病 13 种。这些药剂中，大多是用来控制赤星病等真菌病害的，枯草芽孢杆菌可湿性粉剂和氯溴异氰尿酸可溶粉剂这两种药剂既可以控制赤星病也能控制野火病。各种药剂（去掉了同一种药剂的不同剂型）的应用技术要点见表 3-4。

表 3-4　防治烟草叶斑类病害可选药剂的使用技术要点

序号	产品名称	防控对象	有效成分常用量	有效成分最高用量	施药方法	最多使用次数	安全间隔期/d
1	80%代森锌可湿性粉剂	炭疽病	64g/亩	80g/亩	喷雾	2	10
2	80%代森锰锌可湿性粉剂	炭疽病	64g/亩	80g/亩	喷雾	2	10
3	60%苯甲·福美双可湿性粉剂	炭疽病	60g/亩	90g/亩	喷雾	2	10
4	30%苯醚甲环唑悬浮剂	炭疽病	6g/亩	10g/亩	喷雾	2	10
5	12.5%腈菌唑微乳剂	白粉病	2000倍液	1000倍液	喷雾	2	15
6	30%己唑醇悬浮剂	白粉病	3.6g/亩	5.4g/亩	喷雾	2	15
7	30%氟菌唑可湿性粉剂	白粉病	3g/亩	4.5g/亩	喷雾	2	15
8	15%丙唑·戊唑醇悬浮剂	白粉病	30g/亩	40g/亩	喷雾	2	15
9	25%粉唑醇悬浮剂	白粉病	20mL/亩	30mL/亩	喷雾	2	15
10	50%醚菌酯水分散粒剂	白粉病	16g/亩	20g/亩	喷雾	2	15
11	40%菌核净可湿性粉剂	赤星病	500倍液	400倍液	喷雾	2	10
12	30%王铜悬浮剂	赤星病	39g/亩	45g/亩	喷雾	3	10
13	40%王铜·菌核净可湿性粉剂	赤星病	45g/亩	67.5g/亩	喷雾	3	10
14	3%多抗霉素水剂	赤星病	800倍液	400倍液	喷雾	3	10
15	3%多抗霉素可湿性粉剂	赤星病	600倍液	400倍液	喷雾	3	10
16	19%噁霉·络氨铜水剂	赤星病	2000倍液	1500倍液	喷雾	3	10
17	80%代森锰锌可湿性粉剂	赤星病	96g/亩	128g/亩	喷雾	3	10
18	50%咪鲜胺锰盐可湿性粉剂	赤星病	17.5g/亩	23.5g/亩	喷雾	3	10
19	50%异菌脲可湿性粉剂	赤星病	1200倍液	800倍液	喷雾	3	20
20	50%氯溴异氰尿酸可溶粉剂	赤星病、野火病	50g/亩	62.5g/亩	喷雾	3	10
21	30%苯醚甲环唑悬浮剂	赤星病	9g/亩	13.5g/亩	喷雾	2	10

序号	产品名称	防控对象	有效成分常用量	有效成分最高用量	施药方法	最多使用次数	安全间隔期/d
22	10%春雷·咪锰可湿性粉剂	赤星病	7.5g/亩	8g/亩	喷雾	3	10
23	10亿个/g枯草芽孢杆菌可湿性粉剂	赤星病、野火病	75g/亩	100g/亩	喷雾	3	10
24	25亿/g坚强芽孢杆菌可湿性粉剂	赤星病	700倍	500倍	喷雾	3	10
25	3%噻霉酮水分散粒剂	野火病	1.93g/亩	2.67g/亩	喷雾	3	10
26	57.6%氢氧化铜水分散粒剂	野火病	1400倍	1000倍	喷雾	3	10
27	52%王铜·代森锌可湿性粉剂	野火病	67.6g/亩	78g/亩	喷雾	3	10
28	77%硫酸铜钙可湿性粉剂	野火病	600倍	400倍	喷雾	3	10
29	80%波尔多液可湿性粉剂	野火病	600倍	400倍	喷雾	3	10
30	20%噻菌铜悬浮剂	野火病	20g/亩	26g/亩	喷雾	3	10
31	20%噻森铜悬浮剂	野火病	26g/亩	39g/亩	喷雾	2	10
32	20%松脂酸铜水乳剂	野火病	80mL/亩	120mL/亩	喷雾	2	10
33	40%噻唑锌悬浮剂	野火病	800倍	600倍	喷雾	3	10
34	4%春雷霉素可湿性粉剂	野火病	800倍	600倍	喷雾	3	10

注：资料来源于全国烟草病虫害测报一级站，烟草病虫信息，2019年第2期。

② 主推药剂：

防治炭疽病：30%苯醚甲环唑悬浮剂；

防治白粉病：12.5%腈菌唑微乳剂、30%氟菌唑可湿性粉剂、10亿芽孢/g枯草芽孢杆菌粉剂；

防治赤星病：3%多抗霉素水剂、40%王铜·菌核净可湿性粉剂、50%氯溴异氰尿酸可溶粉剂、40%菌核净可湿性粉剂、10亿个/g枯草芽孢杆菌可湿性粉剂；

防治野火病：50％氯溴异氰尿酸可溶粉剂、10 亿个/g 枯草芽孢杆菌可湿性粉剂、77％硫酸铜钙可湿性粉剂、80％波尔多液可湿性粉剂、20％噻菌铜悬浮剂。

③ 安全系数较高药剂：10 亿/g 枯草芽孢杆菌粉剂、3％多抗霉素水剂、50％氯溴异氰尿酸可溶粉剂、80％波尔多液可湿性粉剂。

④ 残留风险较大的药剂：40％菌核净可湿性粉剂、80％甲基硫菌灵可湿性粉剂等。

（3）精准用药的要点

① 用药和预测预报相结合，在以下三种情况下用药：有零星病斑、营养不平衡、有高温高湿或者连阴雨天气及时用药预防。

② 用药防控以无机药剂加生物防治为核心，要选用保护剂如波尔多液和枯草芽孢杆菌等进行预防，在发病初期可以采用治疗药剂与控制药剂相结合（诱抗剂、保护剂和治疗剂的施药时间）。

③ 注意营养平衡和成熟期采收。在使用药剂时可添加复合微量元素（希植维果 5 号与维果 7 号）或者结合喷施磷酸二氢钾提高防治效果。

④ 在发病区推进统防统治，避免你防他不防，实现区域联防，避免扩大流行。

⑤ 背负式机动喷雾器＋漂移性喷雾，常规药剂加增效剂可减少20％的药量。

⑥ 注意安全间隔期，及时轮换用药，严控农药残留。

3.4 烟草苗床期病害精准用药技术

3.4.1 影响苗床病害发生的原因

一是育苗水的质量。营养液浓度过高或 pH 过高或过低，造成盐离子中毒形成烂根。

二是育苗基质的质量。基质质量不好，导致通透性不好，要么水分过高，要么水分上不来，从而导致育苗发病或者缺氧导致根腐烂。

三是天气状况。若遇持续几天阴雨天气，不会发生根腐病，烟苗生长正常；若遇烈日当空，棚内温度偏高，蒸发量大，加上不注意加池水，营养液浓度越来越大，烟苗须根系中毒腐烂死亡，形成根腐病。烟苗根腐病初期中午发生萎蔫，下午恢复正常，如若不注意温度、池水管理，根腐病就会越来越严重。高温高湿和苗棚通风不畅，将引起灰霉病的暴发。不加强通风降湿，烟苗成苗后期苗与苗之间密度大，盘面湿气大，容易感染茎腐病，加之剪叶造成伤口，病菌从伤口感染，通过叶柄传到茎基部，烟苗茎基部腐烂、倒伏，若在育苗后期天气晴朗，空气干燥，灰霉病不会发生，如果遇阴雨连绵的天气，灰霉病发生比较重。一旦灰霉病发生，采用喷雾的办法进行药剂防治，如果没有改善通风条件，将加重发病。

四是卫生状况。育苗场地带有病残体，育苗盘消毒不严格，人为带入一些病原或者病残体，剪叶过程消毒不严，烟苗在苗床停留时间过长，藻类生长过多等，都可以加重病害特别是病毒病的发生。

五是烟苗密度。烟苗密度过大会造成局部小环境的湿度过大，高温高湿的小气候环境是根腐和灰霉病发生的重要条件。因此，要注意调节烟苗的密度，避免烟苗长得过大、过密，当烟苗长到一定程度时，应尽快移到田间进行种植。

六是苗棚温度控制状况。苗棚温度过低不利于烟苗正常生长，但温度过高，易形成高温高湿环境，高温高湿将加重烟苗根腐和茎腐的发生。白天保持 25～30℃，夜间 20℃左右。最高气温 35℃不能持续超过 2h。播种到烟苗出齐，棚内相对湿度保持在 85％左右；"小十字"期，棚内相对湿度保持在 75％左右。"大十字"期以后，棚内相对湿度保持在 55％～65％，棚温 28℃时干湿球温度计相差 3～5.5℃。当湿度偏小时，延长关闭棚膜时间，减少放风次数；当湿度偏大时，打开棚膜排湿，加大并增加通风次数或延长通风时间。

七是塑料薄膜的管理。首先，薄膜必须清、新，透光度好，当地空气质量不好，薄膜上沉积灰尘过多时，要清洗薄膜；其次，当温度过高时，要注意调节薄膜，保持通风，实现空气对流，降温降湿；最后，要注意避免大棚薄膜滴水。由于大棚夜间温度大幅度下降，大棚内的水蒸气凝结在大棚膜顶，第二天早上太阳出来后开始滴水，大棚滴水对烟苗最有影响的是从播种后到烟苗"小十字"期，烟苗进入

"大十字"期后大棚滴水对烟苗生长影响不大。棚膜滴水，一方面将播下的种子溅出，同时将基质溅起，覆盖在萌发的幼苗上，严重影响育苗的出苗率、烟苗的整齐度，导致幼苗东倒西歪，形成弯脚苗，影响烟苗的正常生长；另一方面水滴落下，往往滴水的地方湿度过大，绿藻滋生严重，使得整个苗床呈点片状绿藻斑块，影响烟苗的正常生长。

3.4.2　育苗环节病原菌来源途径

① 人为传播。在育苗农事操作中不注意消毒或消毒不严，人为地把病原带入大棚，进入大棚后的病原相互传播。剪叶等农事活动是造成病毒病传播的一个极其重要的因素。

② 育苗盘带毒。目前，广泛使用的聚苯乙烯泡沫苗盘具有多孔特性，清洁消毒比较困难，清洗不彻底的苗盘表面经常有残根和基质，带有大量病毒。

③ 育苗基质带毒，一些基质处理不好，或者在装盘时混入带毒的病残组织，易造成基质带毒。

④ 育苗大棚、场地带病原，病原菌在适宜的温湿度下繁殖传播。风及其他媒介可以将病株残体带入苗床；育苗床的土壤也可以携带病毒，因此，前茬作物感染烟草花叶病毒，会使土壤带毒。

⑤ 烟苗超龄老化抵抗力逐渐降低，加之在苗床中接触毒源的机会多，而病毒被携带的概率就高，导致发病率高。

⑥ 烟苗一旦感染病毒，在剪叶过程中就会相互传染，被传染花叶病毒的烟苗，有的表现症状，有的没有表现症状，存在潜伏病毒原。没有表现症状的烟苗一旦拿到大田移栽，烟苗生长缓慢，逐渐也就会显现花叶病毒症状，严重影响烟叶产量和质量。

3.4.3　育苗环节绿藻的发生

绿藻的快速生长会消耗育苗池中的氧气和营养，污染育苗环境，影响烟苗生长，如果附于烟苗叶片及生长点上，则会抑制烟苗的光合与呼吸，造成烟苗生长不正常，严重的会造成烟苗死亡。

绿藻大量发生的原因：①育苗盘的消毒不彻底，孔穴内遗留残藻；②氮、磷含量超标呈严重富营养化状态，特别是氮磷配比不合适，导致磷量过剩；③水源不干净，含藻类或细菌；④基质装盘过紧实，增加基质湿度；⑤适宜的气温条件，气温在 18℃ 左右，相对湿度达到 85％ 以上；⑥漂浮育苗盘未能将整个育苗池遮严，育苗池水露出，给绿藻留出了繁殖的空间，绿藻就可能疯长。

3.4.4 土壤调酸控病技术

在进行育苗的过程中，要进行烟田卫生清洁，整理土地，优化土壤结构，增施有机肥等。研究表明，我国南方和西南烟区土壤酸化趋势严重，土壤酸化影响到烟株对营养的吸收，影响到根的健康，也影响土壤微生物区系，从而导致青枯病等根茎病害的发生。土壤调酸是优化土壤结构，保障烟株健康的基础，从而达到从根本上为控制病害创造条件的目的。

（1）生石灰调酸技术

① 目标：施用石灰调节土壤 pH 至 5.8～6.5 为宜。

② 材料：采用新鲜生石灰块现粉现用进行调酸。

③ 每亩施用石灰量：pH 4.5～5.0 的施入 200kg；pH 5.1～5.5 施 100kg；pH 5.5～6.0 施 30kg。

④ 调节方法：根据亩用量，将新鲜生石灰块浇水粉化，然后均匀撒施到土壤表面，翻耕后起垄。

⑤ 注意事项：

a. 石灰调酸必须采用新鲜块状石灰，在调酸之前加水反应，使之粉末状，然后均匀地撒施到田间，并及时翻压和土壤混合均匀，避免使用存放很久已经碳酸化的石灰，以免影响调酸效果。

b. 撒施到田间的石灰一定要和土壤混匀，以免结块，造成局部土壤板结。

c. 一年可以调酸 2 次，但不能连续调酸 3 年，这样会使土壤钙化，造成烟草对一些元素吸收困难；调酸地块要注意检测锌的有效性，避免锌肥利用受限。

d. 对于 pH 大于 6.0 的地块，可少用石灰或者采用碱性肥料、草木灰等，多施用有机肥，避免土壤的进一步酸化。

（2）**牡蛎钾调酸技术**

① 目标：施用牡蛎钾调节土壤 pH 至 5.6～6.5 为宜。

② 材料：采用西南大学烟草植保团队研制的海洋生物材料和植物质材料配制而成的牡蛎钾粉进行调酸。

③ 每亩施用量：pH 4.5～5.0 的施入 150kg；pH 5.1～5.5 施100kg；pH 5.5～6.0 施 50kg。

④ 调节方法：根据亩用量，将牡蛎钾粉按起垄行的布局均匀撒施到垄下土面，然后起垄，使牡蛎钾粉主要分布在烟垄下面。

⑤ 注意事项：

a. 选用的牡蛎钾材料一定是效果性能比较稳定的材料，不能直接采用新鲜牡蛎壳粉进行调酸；

b. 牡蛎钾调酸效果稳定，持效期长，不仅可以调酸，而且还可以补充微量元素，优化土壤结构，对青枯病和线虫病害也有很好的抑制作用。

3.4.5　烟草育苗期病害防控可选择的药剂

（1）**营养保健类药剂**　此类药剂包括氨基酸、胺鲜酯、核黄素、芸苔素内酯等促生长及诱抗物质，维果 5 号、斯德考普等螯合态微量元素叶面肥。

喷施生长调控诱导药剂是提高烟苗壮苗率的重要手段，如在播种后 30～35 天，结合苗床中后期温湿度管控技术，通过叶面喷施的形式，将此类生长调控诱导药剂喷施到苗床上，连续喷施 2～3 次（间隔期 5～7 天），能促进烟苗个体均衡发育（特别是促进烟苗根系发达、叶色淡绿），提高烟苗自身抗病能力，减轻苗床病害发生程度。

（2）**直接抗菌类药剂**　可分为抗病毒、抗真菌药剂两类。对于病毒病一般采用宁南霉素、氨基寡糖素、香菇多糖等；抗真菌剂主要有代森锌、腐霉胺、噁霉·稻瘟灵等。

（3）**消毒类药剂**　包括威百亩、二氧化氯、生石灰、次氯酸钠、高锰酸钾等。

（4）**防治藻类的药剂**　主要是硫酸铜。

以上四类药剂和防控对象的关系见表 3-5。

表3-5 烟草育苗期几种药剂的基本特性以及应用技术

防控对象	药剂名称	作用机理	安全性评价	精准用药技术	注意事项
消毒处理	二氧化氯	在水中能够快速释放出新生态原子氧，迅速氧化微生物的原浆蛋白，使蛋白质中的氨基酸氧化分解，并能透过微生物表膜进入内部，破坏其酶系统，导致其代谢障碍而死亡。从而达到迅速杀灭细菌、真菌、病毒、芽孢的目的。同时还能与重金属、硫化物、酚类、胺类等物质快速反应，从而兼有去污、除臭、灭菌、降解等残药作用	安全无毒、无任何副作用，被世界卫生组织（WHO）列为A1级安全高效消毒剂	1. 喷施：用150mL/L的二氧化氯溶液喷施。每亩地需少要喷施2t溶液。喷施时，药液渗入土壤以6~10cm为宜。施药均匀，效果较好。 2. 畦灌：每亩地用4kg药物，加水配置成80kg溶液，然后随灌溉水均匀冲入畦中。畦宽1.5m，长小于15m时，受水均匀，使用效果更好。 3. 泼浇：每亩地用4kg药物，加水配置成80kg溶液，以渗入地下6~10cm为最佳。泼浇后均匀稀释26倍后均为最佳	喷施适用于小面积地块；畦灌和泼浇适用于大面积地块
	次氯酸钠	首先，次氯酸钠在水中水解成次氯酸，次氯酸极强的氧化性使菌体和病毒上的蛋白质等物质变性，从而致病原微生物死亡。其次，次氯酸分子小不带电荷，还可因分子小（病毒）体积小，渗入菌（病毒）体内，与菌体有机高分子（核酸和酶）发生氧化反应，从而杀死病原微生物。同时，次氯酸产生出的氯离子还能显著改变细菌和病毒体的渗透压，使其细胞丧失活性而死亡	急性毒性：LD_{50} 5800mg/kg（小鼠经口）	育苗池中加入体积分数7%有效次氯酸钠溶剂至终浓度10g/L。搅拌均匀	1. 接触和使用次氯酸钠的工作人员应穿戴防护用品。防止次氯酸钠溶液进入人体内，如不慎触及皮肤或接触液进入人体内，应立即以清水或肥皂水冲洗或漱洗。 2. 应密封贮存在干燥避光的地方

防控对象	药剂名称	作用机理	安全性评价	精准用药技术	注意事项
消毒处理	辛菌胺	在水溶液中能电离，其亲水基部分带强烈的正电，吸附呈电负的各类细菌、病毒，从而抑制其繁殖，凝固病菌蛋白质，使病菌酶系统变性；加上聚合物形成的薄膜堵塞了这部分微生物的离子通道，使其立即窒息死亡，从而达到最佳的杀菌效果	低毒。大鼠经口 LD_{50}：708mg/kg，小鼠经口 LD_{50}：923mg/kg	由细菌引起的病害用 50g～65g 辛菌胺＋15kg 水（每亩 30kg 水）均匀喷雾至叶正反面，至滴水为宜，可 1 次性治愈。由真菌、病毒引起的病害在发病初期用 50g 辛菌胺＋15kg 水（每亩 30kg 水）均匀喷雾，每隔 6～8 天 1 次，连喷 2 次，即可治愈	1. 本品安全间隔期为 7 天，最多使用次数为 3 次。 2. 请严格按说明书规定的使用浓度和用药时机施药，以免影响防治效果或发生药害。 3. 本剂不得与苯酚、过氧化氢、过氧乙酸、高锰酸钾、碘基水杨酸、碘酸等混用。 4. 在气温较低时，瓶内有品体析出，不影响药效，待温度升高后即可消失。 5. 使用本品时应穿戴防护服、手套等防护用品，避免吸入药液；施药期间不可饮食，施药后应及时用洗手和洗脸。孕妇及哺乳期妇女避免接触。 6. 不得污染各类水域，严禁施药器具在河塘等水域中清洗，避免污染水源。用过的容器应妥善处理，不可做他用，也不可随意丢弃。

防控对象	药剂名称	作用机理	安全性评价	精准用药技术	注意事项
炭疽病	80%代森锌可湿性粉剂	在水中易被氧化成异氰化合物,对病原菌体内含有一SH基的酶有强烈的抑制作用,并能直接杀死病菌孢子,抑制病原体的萌发,阻止病菌侵入植物体内,但对已侵入植物体内的病原菌丝体的杀伤作用小	低毒。大鼠急性经口 $LD_{50} > 5200mg/kg$,大鼠急性经皮 $LD_{50} > 2500mg/kg$,对皮肤、黏膜有刺激性	叶面喷雾 80%代森锌可湿性粉剂 400~600 倍液。在发病前或发病初发期施药,每苗每次喷药液每株为50kg左右,苗期一般每隔 3~5 天,定植后每隔 7~10 天喷药一次,喷药次数根据发病情况决定。一般 2~3 次即可。在烟草上的安全间隔期为 7 天	1. 不宜与碱性药剂,如石硫合剂、波尔多液等混用,也不能与含有铜、汞的药剂混用。 2. 本剂属保护性杀菌剂,在发病初期使用最佳。 3. 虽属低毒农药,但对皮肤、黏膜有刺激性作用,所以使用时应防止接触皮肤、脸和眼睛,如有污染尽快用肥皂水冲洗。 4. 本剂必须密封贮存于阴凉干燥处,防止药剂吸潮或受热而分解失效。 5. 若误服代森锌,要立即催吐,并用水或 1:2000 高锰酸钾液洗胃,口服硫酸钠导泻

防控对象	药剂名称	作用机理	安全性评价	精准用药技术	注意事项
猝倒病	35%威百亩水剂	属于灭生性土壤处理剂，为具有熏蒸作用的二硫代氨基甲酸酯类药剂。具有内吸作用，抑制细胞分裂和DNA、RNA、蛋白质的合成，还可使呼吸作用受阻，达到杀灭杂草的作用，能有效地防除烟苗床杂草	低毒。大鼠口服毒性LD$_{50}$：雄1800mg/kg；雌1700mg/kg；兔子经皮渗透毒性LD$_{50}$为1300mg/kg。对皮肤轻微刺激、刺激眼睛	1. 沟施。35%威百亩每亩10～20kg，兑水800～1000kg。在播种前15天，先在田间开沟、沟深16～23cm，间距24～33cm，将稀释的药液均匀浅施于沟内，随即盖土踏实，15天后翻耕透气，再播种、移栽。如土壤干燥，可增加水的施药用量或地膜覆盖。15天后去膜翻耕透气，然后播种或移栽。 2. 喷洒。35%威百亩每亩10～18kg，兑水500～800kg，用喷雾器均匀喷雾洒于土壤表面，然后将药洒水均匀喷洒于土壤表面，使土壤表面完全湿润，最后用地膜覆盖、14天后去膜翻耕透气，即可播种	1. 本品对人畜低毒，但对眼睛及黏膜有刺激作用，施药时要注意防护，避免皮肤、眼睛接触药剂。使用温室、大棚时迅速施药，施药后迅速通风开并。在与温室接离开现场，如皮肤、眼睛沾染应用大量水或肥皂水洗涤。 2. 威百亩（线克）若用药量施用方式不当，易发生药害，且播种或移栽前2～3天必须松土散气。 3. 本品要随配随用，防止药剂分解降低药效。 4. 威百亩（线克）不能与波尔多液、石硫合剂及其他含钙的农药混用，避免使用含金属器具包装。 5. 本剂应贮于干燥、避光、通风良好处，远离热源。 6. 使用本剂地温15℃以上效果优良。地温低时熏蒸时间需加长。 7. 本剂为土壤熏蒸不可直接喷洒于作物

防控对象	药剂名称	作用机理	安全性评价	精准用药技术	注意事项
立枯病	20%噁霉·稻瘟灵乳油	由噁霉灵和稻瘟灵复配而成。噁霉灵是为杂环类化合物,土壤杀菌剂,是一种内吸性杀菌剂,同时又是一种植物生长调节剂。能抑制病原真菌菌丝体的正常生长或直接杀灭病菌。并具有促进植物根系生长、生根壮苗,提高成活率的作用	低毒。噁霉灵原药急性经口 LD_{50} 为 4678mg/kg;对雄性大鼠急性经口 LD_{50} 为 1190mg/kg。噁霉灵在土壤环境中 DT_{50} 为 2~25 天	1. 苗床喷雾:在"小十字"期用噁霉·稻瘟灵 1mL 加水稀释 1500~2000 倍在育苗盘上均匀喷雾一次;在"大十字"期按每平方米育苗盘用噁霉·稻瘟灵乳油 1mL 加水稀释 1500 倍均匀喷洒一次,每平方米酒足 1.5kg 水为宜。2. 大田施用:移栽时亩用 20%的噁霉·稻瘟灵乳油 20~30mL 对烟叶根部喷灌。间隔 13~15 天,亩用 20%噁霉·稻瘟灵乳油 20~30mL 稀释 1500~2000 倍灌根	1. 烟草专用型药剂,溶液稀释不得低于 1000 倍,以防浓度过高灼伤烟苗及产生药害。2. 前期用药比后期用药效果好。注意不要与其他农药混用,与其他农药混用也要进行进一步验证。3. 产品应在低温、干燥、通风处贮存。严防潮湿和日晒,不得与食物、种子、饲料混放,避免与皮肤、眼睛接触。防止由口鼻吸入。
灰霉病	嘧霉胺	具有内吸传导和熏蒸作用,施药后可迅速传到植物体内各部,有效抑制病原菌侵染的产生,从而阻止病菌侵染、彻底杀死病菌。保护作用、治疗作用兼备	低毒。小鼠经口 LD_{50} 为 4061~5358mg/kg,大鼠经口 LD_{50} 为 4150~5971mg/kg,大鼠经皮 LD_{50} 大于 5000mg/kg	在发病前或初期,每亩用 40%嘧霉胺 25~95g,兑水 800~1200 倍,植株大、高株多水量 30~75kg,植株小、低药量低水量。每隔 7~10 天用一次,共用 2~3 次。一个生长季节常用药 4 次以上。应与其他杀菌剂轮换使用,避免产生抗性	1. 贮存时不得与食物、种子、饮料混放。2. 晴天上午 8 时至下午 5 时使用,空气相对湿度低于 65%时使用,气温高于 28℃时应停止施药

防控对象	药剂名称	作用机理	安全性评价	精准用药技术	注意事项
灰霉病	50%腐霉利	能抑制病菌体内甘油三酯的合成，具有保护与治疗的双重作用	低毒，原药对大雄鼠急性经口 LD_{50} >7700mg/kg；大鼠急性经皮 LD_{50} >2500mg/kg	发病前或发病初喷施 50%可湿性粉剂 1000～1500 倍液	1. 具有保护和治疗的双重作用，内吸性好，低温高湿条件下药效好。2. 该药剂容易产生抗药性，不可连续使用，同时应与其他农药交替喷施，药剂要实现发挥用，不要长时间放置。3. 不要与强碱性药物如波尔多液、石硫合剂混用，也不要与有机磷农药混配。4. 防治病害应尽早用药，最迟也要在发病初期使用。5. 药剂应存放在阴暗、干燥、通风处。若不慎皮肤沾药，应该立即用大量清水冲洗；误服后，应立即送医院洗胃，按照医生医嘱治疗。眼睛溅入药液，立即用大量清水冲洗，按照医生医嘱治疗
	2.5%咯菌腈悬浮剂	通过抑制葡萄糖磷酰化有关的转移，并抑制真菌菌丝体的生长，最终导致病菌死亡。作用机理独特，与现有杀菌剂无交互抗性	低毒，对雌雄大鼠急性经口 LD_{50} >5000mg/kg	发病前或发病初喷施 1000～1500 倍液，喷施 2～3 次，5～7 天一次	灰霉病菌易产生抗药性，防治时应尽量减少用药次数，并注意轮换、交替用药

防控对象	药剂名称	作用机理	安全性评价	精准用药技术	注意事项
病毒病	8%宁南霉素水剂	使病毒粒体变脆,易折断,抑制核酸的合成和复制	低毒,对雄性大白鼠经口 LD_{50} 为 5492mg/kg	在烟草苗期、大田发病前期施药,每亩用药量 0.2～0.3L,兑水 50～75kg,均匀喷雾在植株上,连续使用3～4次,每次间隔 7～10 天	1. 本品在发病前或发病初期开始喷药,不漏喷。 2. 喷药时必须均匀喷布,不漏喷。 3. 本品虽对人、畜低毒,也应严格保管,切勿与食品、饮料等放在一起。 4. 不能与碱性物质混用,可与菊酯类杀虫剂混用。 5. 存放在干燥、阴凉、避光处。
	3%超敏蛋白微粒剂	提高植物自身的免疫力,抵御病虫和其他危害环境的影响。作为一种信号物质和植物表面接触后产生的信号传入植物体内起生长调节作用	微毒农药。雄大白鼠经口 LD_{50} > 5000mg/kg;经皮 LD_{50} > 6000mg/kg	1. 超低容量喷雾。 2. 每亩用 15g 3% 超敏蛋白微粒剂兑水 20kg,干烟草苗期或移栽后,每隔 15～20 天使用一次,共 3～5 次。	1. 对氧气敏感,请勿用新鲜自来水配制。需用静置后的清水配制。 2. 不能与强酸、强碱、强氧化剂,离子态药和肥混用。 3. 启封后的药应在 24h 内使用,与水混合后应在 4h 内使用。喷施 30min 后遇雨不再重喷。 4. 避免在强紫外线时段喷施。

防控对象	药剂名称	作用机理	安全性评价	精准用药技术	注意事项
	2%氨基寡糖素水剂	通过植物细胞的作用,诱导植物体产生抗病因子,溶解真菌、细菌等病原体细胞壁,干扰病毒RNA的合成	微毒农药。雌雄大白鼠急性经口 LD_{50} 均大于 5050mg/kg	1.超低容量喷雾。2.自幼苗期开始每10天左右喷洒1次1000倍2%氨基寡糖素水剂+其他有关防病药剂,连续喷洒2~3次,可有效地预防病毒病的发生	1.避免与碱性农药混用,可与其他杀菌剂、叶面肥、杀虫剂等混合使用。2.宜从苗期开始使用,防治效果更好。3.一般作物安全间隔期为3~7天,每季作物最多使用3次
病毒病	嘧肽霉素	1.抑制植物病毒的增殖,抑制病毒对蛋白质的吸收能力,抑制病毒核酸的合成。2.提高植物抗病性,诱导植物产生PR蛋白,提高植物体内防御酶系活性	微毒农药。嘧肽霉素母药大鼠急性经皮 LD_{50} 均 > 5000mg/kg	均匀稀释 800~1000 倍(或30~72g/亩),于苗期、发病初期叶面喷雾。每5~7天喷施一次,连续使用2~3次。病害严重,可适当增加药剂量和浓度	1.不能与碱性农药混用。2.如有少量受潮结块,混合均匀后施用,不影响药效。3.存放于阴凉干燥处
	寡糖·链蛋白	抑制病毒在植物体内的复制,诱导植物自身抗性,激发植物生长代谢和自身免疫	低毒。对眼睛有刺激性。经口毒性低	在病毒病发生前或发生初期,用6%寡糖·链蛋白可湿性粉剂喷雾,链蛋白1000~1500倍液,叶面喷雾,连施2~3次	1.不得与碱性农药等物质混用,以免降低药效。2.本品使用时应穿戴防护服和手套,避免吸入药液。施药前后应吃东西和饮水。禁止在河塘等水体中清洗手和洗脸器具。3.孕妇和哺乳期妇女不得接触本品。4.用过的包装物应妥善处理,不可做他用,也不可随意丢弃

防控对象	药剂名称	作用机理	安全性评价	精准用药技术	注意事项
病毒病	香菇多糖	钝化病毒活性,有效破坏植物病毒基因,抑制病毒复制。作为植物水杨酸含量,提高诱导植物保卫素的产生	无毒。用20~40mL/kg该剂,连续肌内注射犬和大鼠6个月无异常发现	播前用0.5%香菇多糖水剂100~200倍液浸种1~2h;定植前用400倍液喷苗床1次;定植后喷3次,间隔5~7天。也可在烟苗移栽前,用400~600倍液浸根10min	1. 本品避免与酸、碱性物质混用,宜单独使用。即配即用,配制时用清水,即配即用,防止久存。 2. 为避免作用机制不同产生抗药性,可与其他杀菌剂轮换使用。 3. 施药时穿戴好防护用品,工作期间不可吃东西、饮水等,工作完毕后要立即洗手脸等。 4. 禁止在河塘水体中清洗施药工具,也不能将使用后的包装袋应妥善处理,不能污染环境。 5. 孕妇和哺乳期妇女禁止接触本品。
茎腐病	58%甲霜·锰锌可湿性粉剂	甲霜·锰锌是甲霜灵+代森锰锌的混剂,可以阻止病原孢子的形成和菌丝的生长,可被植物根、茎、叶快速吸收,并在组织器官传导至所有的各组织器官发挥作用。其作用机理同甲霜灵和代森锰锌,并有延缓抗性的作用	属中等毒性,58%甲霜·锰锌可湿性粉剂大鼠急性经口LD$_{50}$为5189mg/kg	移栽后7天开始喷药,每隔10~14天喷药1次,最多不超过3次,58%甲霜·锰锌可湿性粉剂稀释500倍喷雾。使药液沿茎基部流渗到根际周围的土壤里,以起到局部保护的作用	1. 不能与含铜制剂及强碱性的农药等混用。 2. 施药人员需穿戴防护服装,防护靴、口罩及手套等防护用品。施药期间和施药完毕后吃东西和饮水、脸,应立即更衣洗净手。 3. 远离蜂房,避开开花植物花期使用。禁止在河塘等水产养殖区,禁止在河塘水体清洗施药器具。 4. 建议与其他杀菌剂轮换使用,以延缓抗性产生

防控对象	药剂名称	作用机理	安全性评价	精准用药技术	注意事项
茎腐病	50%甲基硫菌灵可湿性粉剂	甲基硫菌灵主要向顶传导，能有效干扰和治疗害病菌的菌丝分裂发生，从而杀死病菌。在植物体内转化为多菌灵，干扰真菌有丝分裂过程中纺锤体的形成，影响细胞分裂	低毒杀菌剂。大鼠急性经口 LD_{50} 为 6640～7500mg/kg，小鼠急性经口 LD_{50} 为 3150～3400mg/kg，对蜜蜂低毒	用 50%甲基硫菌灵 500～1000 倍液喷洒苗床或茎叶，效果较好，也可用 70%甲基硫菌灵可湿性粉剂 15～20g，撒在苗田根际干土 30kg，若移栽时施入穴内效果更好	1. 连续使用会产生抗性，应与其他杀菌剂混用或交替使用，但多菌灵除外，因为多菌灵有交互抗性。不能与含铜制剂混用。 2. 甲基硫菌灵对人体每日允许摄入量（ADI）为 0.08mg/kg。 3. 收获前 15 天禁止使用。 4. 应贮存在阴凉、干燥的环境中。 5. 作业后请冲洗干净，并漱口。 6. 使用后剩下的药液不可倒入水田、湖泊、河川里。 7. 装此药的容器不能用来装其他东西，使用后应将其洗净、焚烧或掩埋。 8. 勿置放于儿童食品及饲料处，避免儿童接触
	50%多菌灵可湿性粉剂	多菌灵属于苯并咪唑类，具有保护和治疗作用，其主要作用机制是干扰真菌细胞丝分裂中纺锤体的形成，从而影响细胞的分裂	低毒，大、小鼠急性经口 LD_{50}：>5000～15000mg/kg，大鼠急性经皮 LD_{50}>2000mg/kg，大鼠腹腔注射时 LD_{50}>15000mg/kg	在烟草苗期和大田期均有发生，在发病初期用 50%多菌灵可湿性粉剂 500 倍液喷施。每 7 天喷施 1 次，在烟苗生长到"大十期"，可连续 2～3 次。作为预防用药，烟苗长到"大十期"，可用 50%多菌灵可湿性粉剂 700 倍液喷雾，每 7～10 天施 1 次，连续 2～3 次；大田摆盘期可用 500 倍液进入摆盘期，进行预防，连续预防 2～3 次	1. 不能与碱性药剂和制剂铜混用，与杀虫剂、杀螨剂混用时要现配现用，稀释配置后有分层现象，需摇匀后使用。 2. 虽然可以用来浇灌土壤，但不宜作土壤处理。因为会使微生物分解失效，快熟使用使病菌易产生抗性。 3. 连续使用病菌易产生抗性，应与其他药剂混用或交替使用，但甲基硫菌灵除外

3.4.6　烟草苗期病害科学用药方案

目前，漂浮育苗技术是烟草育苗的主推技术，高聚集、高效率、高风险是该技术推广的特点，这直接决定烟草苗期病害控制的重要性。烟草苗床病害控制是一项系统工程，从育苗准备到苗床播种到苗床管理的全过程都离不开病害预防和控制，下面就结合烟区苗床病害预防和控制经验，按育苗环节逐步介绍。

（1）消毒预防

① 育苗棚消毒。育苗棚可分为塑料小棚和塑料大棚两种类型。塑料小棚由于育苗场所不固定，因此，在选择地点上就应该注意场地须干净，要注意育苗池周围 5m 内没有堆放茄科作物的秸秆，保障外围的流水不能流入育苗场内。小棚内可采用威百亩熏蒸，也可以喷洒光谱型的杀菌剂进行消毒。

塑料大棚的消毒原则是长时间、多次、多种药剂的消毒。一般提前 1～2 个月就将大棚中的其他作物清理完毕，有条件的地方让大棚晒一个月再进行消毒处理。药剂消毒可采用威百亩熏蒸，一般将威百亩稀释 60 倍，均匀地浇洒在育苗池和池梗上，将育苗棚密闭进行熏蒸处理，熏蒸一次的时间不少于 7 天，7 天后开棚通风 2 天，再采用不同种的广谱性杀虫剂和杀菌剂（如 80% 的代森锌可湿性粉剂）分次进行喷洒消毒。育苗前 2～3 天开棚通风透气，即可开始灌水育苗。

② 育苗池消毒。在播种前一个月，对育苗工厂、育苗中棚内的育苗池进行土壤消毒，具体用 42% 的威百亩水剂稀释 50～100 倍液，均匀喷施到苗池表面，并保证药液浸透土层 2cm 以上，同时，对四周棚膜进行喷雾消毒，消毒处理后关棚密封 10 天以上，然后开门敞窗通风 7 天以上，备用。

③ 池水消毒。播种前 2 周，在完成苗池平地整理后，有条件的地方，可以用废旧的池膜或苗盘垫于苗池底部后再铺设新池膜，蓄积 5～10cm 自来水或井水，苗池用水必须清洁，必须选用未受污染的清洁水源，禁止用坑塘水。水源 pH 控制在 6～7.5 较好。育苗前，每吨水撒施 10～15g 粉末状漂白粉或干燥二氧化氯，并适当搅拌释放

氯气,密封大棚,保证池水提前预热升温。

④ 苗盘消毒。在每年 6 月份,烟苗移栽结束漂浮盘回收后,先用高压水枪冲刷掉黏附在漂浮盘上的基质和烟苗残体,再用 10％二氧化氯粉剂 500～800 倍药液定向喷雾至苗盘上(二氧化氯 10g/袋,兑水 5～8kg),或将漂浮盘在消毒液中浸湿后堆码,用塑料布密封保存 5～7 天,然后打开通风 3 天,待药气充分散净后再使用。

在烟苗移栽结束后,立即清洗育苗漂浮盘,去除黏附的基质和烟苗残体,可选用 10％二氧化氯 400 倍液均匀喷洒消毒后,用塑料薄膜包裹贮藏。

⑤ 育苗基质消毒。育苗所用的基质是对土壤模拟和优化后得到的,基质质量是漂浮苗健康生长的关键因素。基质内的空隙可用来进行气体交换以提供氧气供根系呼吸,并提供适宜的水分和营养供烟苗的生长发育需要,这是选择和配置基质时需考虑的关键因素。

一般情况下,基质以富含有机质的材料为主,如泥炭、草炭、碳化或腐熟的植物残体,再配以适当比例的疏水材料,如蛭石和膨化珍珠岩等。有机质材料对基质的吸水保水有利,而疏水材料则能改善基质的通气条件。基质应在清洁环境中采集,制作应远离烟区,避免携带病原菌,在装基质的过程中,要对存放基质的地面撒石灰或者喷洒杀菌剂进行消毒。切记避免基质中混有茄科作物的植物材料或者残体。

⑥ 剪叶器具消毒。剪叶是培育壮苗必不可少的一项技术,而剪叶过程也是病害传播的主要途径,特别是烟草的病毒病。操作人员进入苗棚前要认真洗手,剪叶前要对烟苗喷施抗病毒药剂进行预防。剪刀或者剪叶器械用浓肥皂水,10％～30％的漂白粉 20 倍液,或者 2％的二氧化氯 100～150 倍稀释液浸泡消毒 2min 以上。一般每剪一盘苗要消毒一次,可两把剪刀轮换使用,一把消毒,一把使用。采用电动剪叶机,则每剪一池烟苗就进行一次消毒处理。修剪下来的烟叶要及时清理出棚,并把落在苗盘上的叶片捡拾干净,以免叶片腐烂导致根腐和茎腐病的发生。剪叶当天避免补充水分,以

免伤口感染。

⑦ 苗棚出入口消毒。育苗场地的大门口和每个育苗大棚的门口要 3 天左右就撒一次生石灰消毒。在育苗棚入口处可以设置消毒池，内放湿麻片或者草垫，其上喷洒 10％的家用漂白粉液或者 5％的石灰水。进出苗棚的人员要用肥皂水洗手，进入育苗棚应先在鞋底蘸干漂白粉，接着在湿麻片或者草垫上踩踏消毒，或在脚上套上洁净的塑料袋，出棚后塑料袋统一用 10％的新鲜漂白粉液浸泡 10min，消毒后备用。参观人员严禁触摸烟苗。

（2）**育苗基质的拌菌技术**　人工培植的有益微生物菌群经加工制成的微生物活菌制剂，能够在土壤或基质中繁殖形成有利于植物生长的微生物优势菌群。在育苗基质中添加拮抗微生物菌剂，可以实现拮抗菌对苗的促生作用和抗病作用，而且携带的有益菌如果在根部定植后移栽到田间，将会对田间的一些病害产生拮抗效应，这对于提高烟草的抵抗力和防治病害将起到关键作用。

西南大学联合重庆西农植物保护科技开发有限公司以及北京恩格兰环境技术有限责任公司共同开发出了含有几种有利于烟草健康生长和抗御主要根茎病害的微生物菌剂苗强壮（图 3-1），拌入基质中，这些菌剂发挥了很好的作用，取得了明显的成效（图 3-2，图 3-3），成为育苗环节一项重要的革新技术。

图 3-1　新型育苗基质添加菌剂

图 3-2　基质拌菌和对照处理的幼苗长势

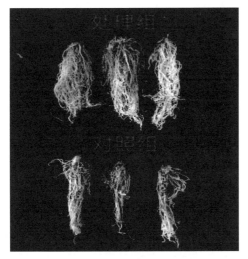

图 3-3　基质拌菌后，烟苗的根系发育情况对比

　　在育苗基质中拌入拮抗菌剂，烟苗的株高、最大叶长（宽）、侧根数显著高于常规育苗烟苗。

　　该技术的要点是，在基质装盘过程中，将苗强壮 100g 与可以育苗 1000 株的基质均匀混合，然后及时装盘，正常播种。操作十分简单，方便（见图 3-4）。

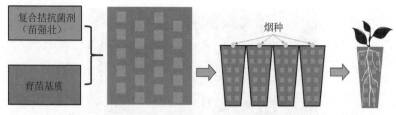

物资准备 ➡ 基质拌菌（混合均匀），1亩地用量为100g ➡ 装盘播种 ➡ 适时移载

图 3-4　育苗基质拌菌技术操作流程

育苗基质拌菌技术具有以下优点：

① 具有很好的效果（促苗、壮苗、齐苗、促根）。

② 省工、省时、省钱。

③ 在苗期和移栽后的大田期均有很好的抗病效果。

（3）科学管控　漂浮育苗全过程必须树立免疫育苗的观念，实行无菌、无毒操作。防重于治，坚持全过程多环节综合防治的方针。病虫害控制以预防苗期感染病毒为主，兼顾预防其他病害的发生。

苗床病害的防治重点是真菌类炭疽病、猝倒病、立枯病的防治，花叶病等病毒病的预防。实现上述病害的集中预防或控制，离不开烟苗的健康生长。烟苗的健康取决于棚内温湿度的及时调控、水肥管理措施的及时跟进、剪叶炼苗等措施的有效落实。在温湿度管控上，按照"前期保温保湿促发芽，中期稳湿控温促齐苗，后期高温低湿增壮苗"分段管控，做到出苗期严控温度不超 25℃，"小十字"期温度不超 30℃，"大十字"期及以后温度不超 35℃，既保障种苗需求又最大限度地增高积温缩短苗龄。在水肥管控上，按"总量控制、浓度调节"的原则，实施"增磷、补钾"的水肥管理技术，推动促根、壮秆、控叶措施的有效落实。在辅助措施上，开展苗池挖边沟、彻底断水炼苗，按照规范按时开展批次消毒剪叶工作，确保烟苗健壮、整齐、清秀，不断提高育苗管控水平。

严格炼苗，带药移栽。移栽前 10 天开始控水炼苗，提高烟苗质量，增加烟苗抗病性。由于移栽过程也可能形成较多的伤口，特别是较远距离的运输形成的伤口会更多。因此移栽前 24h 预防性施用抗病毒剂也是很必要的。特别是在大田带毒的连作烟田，病原菌通过移栽时根系和烟叶形成的较多细微伤口侵入植株，造成大田移栽后病害流行。

（4）苗床病害精准用药指南　第一次在烟苗"大十字"期封盘时，用维果 5 号 800～1000 倍液＋36％甲基硫菌灵可湿性粉剂 1200～1500 倍液，叶面喷雾，每池药液量 5～7kg。第二次在第一次剪叶后 1 天，用 8％宁南霉素水剂 800～1200 倍液＋36％甲基硫菌灵可湿性粉剂 1200～1500 倍液＋维果 5 号 600～800 倍液，叶面喷雾，每池药液量 5～7kg；第三次在最后一次剪叶后 1 天，用 8％宁南霉素水剂 800～1200 倍液＋36％甲基硫菌灵可湿性粉剂 1200～1500 倍液，叶面喷雾，每池药液量 5～7kg。烟苗封盘前，检测盘面真菌滋生情况，发生时用 66.5％霜霉威盐酸水剂喷雾处理，具体用 1000～1500 倍液喷雾。苗床用药操作时，禁止在棚内高温环境下和雨天施药，原则上在下午 4 时以后施药，施药后开风机 1～2h 对苗棚降温散湿，谨防药害。

出苗后重防猝倒病，"小十字"期重防烂根病，猫耳期后重防"五病"。

①"小十字"期前。主要预防烟草猝倒病。可用 58％甲霜·锰锌可湿性粉剂 500 倍液等杀菌剂，从烟苗叶面向根茎部喷淋 1 次，喷淋量以育苗基质 0.5cm 潮湿为宜。

②"大十字"期。主要预防烟草花叶病、缺素症和野蛞蝓的发生危害。另外还要注意避免缺硼和缺镁。同时应预防烟草烂根病和藻类滋生，可在漂浮液中均匀加入硫酸铜，浓度以 0.05％为宜。

③猫耳期。主要预防烟草花叶病、野火病、炭疽病、黑胫病、根黑腐病。分别在第一次和第二次剪叶前 3 天，叶面喷施 1 次 24％混脂·硫酸铜水乳剂 600 倍液等抗病毒剂，预防烟草花叶病。第二次剪叶后 1 天，叶面喷施 1 次 72％硫酸链霉素可溶粉剂 4000 倍液等杀菌剂，预防烟草野火病。若发生炭疽病可叶面喷雾 80％代森锌可湿性粉剂 600 倍液等杀菌剂 1～2 次，每次间隔 7～10 天。若发生黑胫病或根黑腐病，可用 58％甲霜·锰锌可湿性粉剂 500 倍液等杀菌

剂叶面喷淋 1 次。

④ 成苗期。主要预防烟草花叶病、野火病、炭疽病、黑胫病、根黑腐病。第三次剪叶前 3 天和移栽前 3 天，叶面喷施 24％混脂·硫酸铜水乳剂 600 倍液等抗病毒剂各 1 次，预防烟草花叶病。第三次剪叶后 1 天，叶面喷施 1 次 50％氯溴异氰尿酸可溶粉剂 1000 倍液等杀菌剂，预防野火病。若出现其他病虫害，可参照猫耳期的防治办法及时防治。

3.4.7 烟草苗期非侵染性病害的控制

近年来，随着漂浮育苗技术的不断推广，我国大部分产烟区采用漂浮育苗方式进行烤烟烟苗集中培养。虽然采用漂浮育苗可以培育出无病、茎高、均匀一致的壮苗，但是在实际操作过程中仍不可避免会出现一些影响烟苗正常生长的问题，湖南省郴州市烟草公司陈重分析了集中漂浮育苗苗期常见的七种问题及产生原因，并提出处理建议。

一是盐害。高温、低湿和过分的空气流动，都可促进基质表面水分的大量蒸发，导致苗穴上部肥料盐分的积累。盐分积累主要在基质上部 1.3cm 处，严重时能造成烟苗死亡。出苗至根系从基质透入营养液期间，是易发生盐害的阶段，此时烟苗利用养分少，肥料易于富集到基质中，随盘面水分蒸发而积累到苗穴上部。发生盐害的苗盘可见基质表面发白，有盐分析出，通过喷水淋溶，即可消除盐害。

二是冷害。早春育苗，由于气温不稳定，有时会出现持续寒流，俗称"倒春寒"，棚温陡降，造成幼苗冷害，冷害发生后，叶片边缘内卷或呈舌状伸展，舌状叶和心叶颜色发白或浅黄色，甚至出现烟苗畸形，生长停止。一般经过 4～5 天连续的温暖条件，烟苗可自行恢复正常生长。喷施 0.05％～0.1％ 的硫酸锌，对症状有一定的缓解作用。

三是热害。晴天中午，气温过高，若揭膜不及时，棚内温度持续高于 35℃，则出现热害，烟苗叶片变褐，直至死亡。小棚内烟苗 4 片叶后，沿苗床周边的苗大，中部大面积苗小或缺苗较多，这种现象即是高温伤害。在晴天上午 9 点以后要及时通风降温，以避免热害。

四是微量元素缺乏或中毒症。如果营养液配制不当或管理不善，烟苗会出现缺素症或中毒症，缺素症常见缺铁、缺硼，如果营养液 pH 过高，又遇低温，可能出现缺铁症，所以应保持 pH 在 6.8 以下。肥料中应使用螯合铁。如出现缺铁症，只要调整 pH，加入适量铁源（如 $FeSO_4$），症状很快就消失。缺硼时烟苗颜色变成不正常的深绿色，而新叶的叶尖变成褐色坏死，这是与冷害最大的区别。可施用 0.5%～1% 的硼砂溶液进行叶面喷施。铵态氮肥施入量过高，出现铵中毒，叶缘上卷，变厚，叶色深绿，后期叶缘枯焦。

五是药害。漂浮育苗施药防治病虫害时，一定要注意施药的浓度和时间，育苗棚内温度高，施药浓度和时间不当常常会引起药害。一般在阴天的早晨或晴天下午 4 点以后施药较好。如果施药后 2～3 天内观察到烟苗叶片上有坏死斑点，而且发生面积较大，首先应该考虑药害的问题。药害发生初期，用清水喷洒叶面可缓解症状。

六是绿藻。漂浮育苗中有两个地方易出现绿藻，一个是池水中，另一个是育苗盘表面。控制技术措施为：①严格控制苗肥中磷肥的浓度，一般氮磷肥的比例以 1∶0.5 为宜；②做好旧盘的消毒工作，控制蓝绿藻产生的源头；③育苗池与育苗盘配套，育苗盘放在育苗池中不留空隙，若有露出的地方，宜用其他遮光材料将其覆盖；④及时揭膜通风排湿，减小空气湿度；⑤采用黑色塑料薄膜铺池；⑥用浓度为 100～150mg/L 的硫酸铜进行防治，浓度高于 0.5%，则会对"大十字"期以前的烟苗产生伤害。

七是螺旋根。螺旋根是根系中存在的螺旋状或扭曲成不规则形状、不产生侧根的僵化根系。避免螺旋根的主要措施：①基质的有机质含量不宜过高，装盘疏松，否则通气不良，易产生螺旋根；②出苗后尽量避免过多的低温寡照天气，或者人为采取措施保温补光；③确保基质不漏失，漏失时苗穴中形成空洞，根系易集结形成螺旋根；④避免成苗期接受过强的光照。

3.5 烟草移栽期病害防控的精准用药

3.5.1 移栽期的烟苗特征和用药目的

移栽环节是烟苗从苗床到大田的过渡环节，这个时期并不长，对于病害发生来说，主要是烟苗可能携带的病毒病、灰霉病和炭疽病在移栽期会对烟苗造成伤害。如果移栽期的烟苗不能很好地"接地气"，容易造成烟苗抵抗力差，会大大增加感染病毒病的可能。

移栽期施用控制病害的药剂，目的是预防烟株后期可能发生的病毒病，及青枯病和黑胫病等根茎病害。因此，移栽期是病害预防的关键时期。

规范移栽对缩短烟苗返苗期、促进烟苗早生快发、提高烟苗抗病抗逆能力具有积极作用。移栽技术的有效落实，主要通过强化管理手段，细化标准流程，强化责任考核，只有这样才能有效保证移栽质量。目前，生产上推广的移栽技术有"123移栽技术""小苗井窖式移栽技术""杯罩式移栽技术"等，无论选择哪项移栽技术，与移栽同步进行的定根水淋施技术措施必不可少。

定根水要求"三带"，即带水、带肥、带药，三者相互联系、相互促进。具体表现为："带水"是基础，无论农药还是肥料要被烟株有效吸收利用，土壤中必须有一定的含水量，且在一定范围内，随着土壤含水量的增加，烟株根系对水肥的吸收速度增加，因此带水是保证肥料和农药在移栽环节被烟株及时吸收利用的基础；"带肥"是关键，烟苗刚移栽到烟田，对大田生态环境具有一定的适应期，在此期间其根部转化利用土壤原有营养的能力较弱，所吸收的营养不能满足自身生长所需，所以通过水肥的形式将速效的硝态氮补充到根系周围，一方面能直接供应烟株生长所需的营养物质，另一方面利用根系的向肥性，诱发刺激烟株根部快速生长，确保烟苗栽后能够正常生长发育；"带药"是保障，一般情况下针对地下害虫和根茎病害的防治、烟株根系的生长调控，选择低毒安全的农药品种进行有效组合混用，从而起到对根茎病害和地下害虫的预防作用，对根系生长具有促进和诱导作用，从而实现烟株根系健康、自身快速生长的目的，奠定烟苗移栽至大田后早生快发的基础。

移栽环节防治烟苗携带的病毒病，可结合苗床管理，喷施抗病毒制剂和抗性诱导剂，使烟苗健康生长，避免在缓苗期加重病毒病的发生。

移栽期带药移栽可防治灰霉病、炭疽病和黑胫病。

移栽期窝施药剂可预防青枯病、根黑腐病、镰刀菌根腐病和黑胫病等。

移栽期进行土壤微生态调控可以有效地预防青枯病、根黑腐病、镰刀菌根腐病。

因此，移栽期的精准用药应结合烟苗的健康情况，以及往年种植区根茎病害的发生情况，精准用药，达到预防病害，保障中后期健康的目的。

3.5.2 移栽期的病害种类及药剂选择

移栽期烟苗上携带的病害的种类及药剂选择见表3-6。

表3-6 烟苗可能携带主要病害种类及药剂选择

病害分类	病害名称	病原物学名/英文名	可选择药剂
烟草病毒病害	烟草普通花叶病	Tobacco mosaic virus，TMV	8%宁南霉素水剂、2%氨基寡糖素水剂、2%香菇多糖水剂、20%盐酸吗啉胍可湿性粉剂、3%超敏蛋白微粒剂等
	烟草黄瓜花叶病	Cucumber mosaic virus，CMV	
	烟草马铃薯Y病毒病	Potato virus Y，PVY	
烟草细菌病害	烟草野火病	*Pseudomonas syringae* pv. *Tabaci*（Wolf et Foster）Young，Dye Wikie	80%波尔多液可湿性粉剂、50%氯溴异氰尿酸可溶粉剂等
	烟草青枯病	*Ralstonia solanacearum*	30亿个/g荧光假单胞菌粉剂、苗强壮菌剂组合等
烟草真菌病害	烟草炭疽病	*Colletotrichum tabacum* Böning 1932	80%波尔多液可湿性粉剂、80%代森锌可湿性粉剂、30%苯醚甲环唑悬浮剂等

病害分类	病害名称	病原物学名/英文名	可选择药剂
烟草真菌病害	烟草猝倒病	主要是 *Pythium aphanidermatum* (Edson) Fitzpatrick	80%波尔多液可湿性粉剂、20%噁霉·稻瘟灵乳油、苗强壮菌剂组合等
	烟草立枯病	*Rhizoctonia solani* Kühn.	80%波尔多液可湿性粉剂、20%噁霉·稻瘟灵乳油、苗强壮菌剂组合等、80%代森锌可湿性粉剂等
	烟草黑胫病	*Phytophthora parasitica* var. *nicotianae*（Breda de Hean）Tucker	58%甲霜·锰锌可湿性粉剂、72.2%霜霉威水剂、50%氟吗·乙铝可湿性粉剂、苗强壮菌剂组合等
	烟草根黑腐病	*Thielaviopsis basicola* (Berk. and Br.) Ferraris	50%福美双可湿性粉剂、70%甲基硫菌灵可湿性粉剂、苗强壮菌剂组合等
	烟草灰霉病	*Botrytis cinerea* Pers.	40%菌核净可湿性粉剂、3%多抗霉素水剂、苗强壮菌剂组合等

注：真菌病原物学名主要为无性世代部分。

以上病害中，需要进行重点控制的是病毒病，但在苗床已经进行了处理，移栽时应重点控制灰霉病、炭疽病，以及进行土壤处理控制青枯病和黑胫病及根黑腐病等根茎类病害。

3.5.3 药剂蘸根控制根茎病害技术

烟草黑胫病菌的侵染点主要在烟草的茎基部，发病初期不易被发现，到发现病害时一般都比较严重了，往往会造成死苗和整株死亡。烟苗定植前，通过蘸根可杀灭根系周围的病原菌，很好地抑制病原菌的早期侵染，保证定植前后根系健壮生长，提高植株抗性。

（1）操作要点

① 化学杀菌剂：主要用于防治根部病害，甲霜灵系列、三乙膦酸铝、福美双、代森锰锌、20%噁霉·稻瘟灵乳油等。通常内吸性

好、剂型为悬浮剂的，安全高效性较好。使用时，将药剂稀释一定倍数，然后将苗盘放入稀释溶液浸蘸 30min 即可。

② 生物菌剂：可以提高根系活性，促进生根，提高抗病性，抑制病原菌侵染。在温室条件下用枯草芽孢杆菌、哈茨木霉、苗强壮微生物菌剂组合等，可以增加成苗率，提高烟苗的抗病性，预防根茎病害的发生。蘸根时，将菌剂与泥浆混匀，然后蘸苗，保证烟苗根系带有泥浆，再移栽。

（2）注意事项

① 注意蘸根液浓度，不能过高或者过低，过高容易造成烧苗，过低没有效果。

② 当烟草在苗期出现严重的根部病害，且移栽后又没有时间采取一定的土壤消毒措施时，建议首选药剂蘸根，避免根系被病害侵染；若是在苗期进行了消毒等措施，则更适宜采用生物菌剂蘸根。

3.5.4 穴施药剂的关键技术要点

药剂穴施是指在移栽烟苗前，形成了移栽的烟穴之后，在烟穴内施用药剂，然后再进行移栽的一项防病技术。

（1）**药剂种类** 药剂包括化学药剂和生防菌剂。可根据控制病害、虫害对象的不同，选择不同的药剂。

（2）**作用** 化学药剂穴施，能够迅速消灭种苗根系周围的有害生物，降低种苗感病的概率，同时能够促进移栽烟苗度过缓苗期；生防菌剂窝施，能够促进生防菌定殖植物根系，提前占据植物根系侵染位点，阻止有害微生物的侵染，促进分泌生长物质及杀菌物质，清除植株根系周围的有害菌。

（3）**方法** 可以直接将选择好的药剂，按照每亩的总体用药量，均匀地分散到每一个穴内，施药后覆盖细土，就可以移栽；也可以将施用的药剂与每亩 5kg 细土混合均匀后分散施用于每一个穴内，然后移栽烟苗。

（4）**注意事项**

① 杀菌剂和杀虫剂窝施时，要根据防控对象进行选择，要能够

充分发挥药效，同时降低农药残留。

② 注意穴施时不要将化学杀菌剂和微生物菌剂混合使用，某些微生物菌剂中的菌能被广谱杀菌剂杀死而导致微生物菌剂失去效果，一般可以在移栽前一周左右窝施杀菌剂和杀虫剂，使其发挥药效，到移栽时化学杀菌剂的药效已散去，对微生物菌剂没有太大影响，此时再施用微生物菌剂。

③ 微生物纯菌剂应该加入其他营养物质，如有机肥等，使菌剂里面的菌有足够营养进行增殖，穴施效果更好。微生物菌剂的穴施可以和灌根结合起来，即在移栽时穴施，移栽结束时进行菌剂灌根处理，能够促进生防菌在根系的定殖。

④ 严格控制用量，对于一些容易对烟苗幼根造成伤害的药剂，尽量不要穴施。一般情况下，药剂在穴施时都需要混细土或者穴施后覆盖细土，然后再在穴内移栽烟苗。

3.5.5　移栽后的精准用药技术

① 移栽后当天，每亩用20％噁霉·稻瘟乳油（移栽灵）30mL＋5.5％高效氯氰菊酯乳油（土蚕金针杀）50～60g＋提苗肥（N：P：K＝20：15：10）1.5kg，兑水100～150kg，灌根处理（最少100～150mL/株，干旱情况下尽量多加水），另外，有病毒病发生历史的烟田，在定根水中除加入上述肥药外，每亩再加入150～200g的硫酸锌微肥。

② 移栽后1～2天内，如有软体动物如蜗牛、蛞蝓危害或连续阴雨天气，可用6％四聚乙醛进行窝施，每窝8～12粒，大约150g/亩·次，在查苗补苗或遇到软体动物反复发作的地块可再施药一次。

3.6　烟草生长期病害防控的精准用药技术

3.6.1　大田环节精准用药技术指南

烟草大田期精准用药技术指南见表3-7。

表 3-7　烟草大田期精准用药技术指南

施用时间	防治对象	药剂名称	用量	使用方式与方法
移栽后 7～10 天	根黑腐病	70%甲基硫菌灵可湿性粉剂	40～80g/亩	灌根,对已轻度发病的烟株或有发病历史的烟田,用 1600～2000 倍液,每株淋施 150mL 左右,提前围蔸,促根系生长发育(对已经轻度发病的烟株,混用浓度不超过 1%的提苗肥)
移栽后 25～30 天(根据情况)	病毒病	2%氨基寡糖素水剂	30g/亩	喷施,亩兑水 20kg,叶面喷雾处理
	野火病	50%氯溴异氰尿酸可溶粉剂	50g/亩	
栽后 30～35 天(根据发病情况自防)	黑胫病	50%氟吗·乙铝可湿性粉剂	40g/亩(2～3 次)	淋施,对已发病烟株或有发病历史烟田,按照 100～150kg/亩兑水,充分混匀,每株淋施 100～150mL,连续 2～3 次,间隔期不少于 5 天
		20%辛菌胺醋酸盐水剂	25g/亩·次(3 次)	
	白粉病	50%醚菌酯水分散粒剂	35g/亩	喷施,亩兑水 50kg,叶面喷雾(重点对密度较大、长势茂密、背阴、肥力富足的烟株进行正反叶面喷雾)
第一次统防(栽后 40 天)	病毒病	8%宁南霉素水剂	60g/亩	喷施,亩兑水约 40kg,充分混匀,叶面喷雾
		2%氨基寡糖素水剂	30g/亩	
第二次统防(打顶前后 3～5 天)	赤星病	40%菌核净可湿性粉剂	100g/亩	喷施,亩兑水约 50kg,充分混匀,叶面喷雾。在统防药剂中,每亩添加 100g 维果微量元素复合肥
	野火病	50%氯溴异氰尿酸可溶粉剂	50g/亩	
	保健促抗	磷酸二氢钾	100g/亩	

施用时间	防治对象	药剂名称	用量	使用方式与方法
第三次统防(8月中下旬降温后使用)	赤星病	3%多抗霉素可湿性粉剂	60g/亩	喷施,亩兑水约50kg,充分混匀,叶面喷雾。在统防药剂中,每亩添加100g维果微量元素复合肥
	野火病	50%氯溴异氰尿酸可溶粉剂	50g/亩	
	保健促抗	磷酸二氢钾	100g/亩	
打顶期	抑芽	25%氟节胺乳油	100g/亩	淋施,亩兑水约15kg,混匀后,在打顶7天以内,将2cm以上的侧芽处理后,择晴天沿烟株主茎匀顺下淋施
打顶后根据烟株长势	生长调节剂	生物烤黄剂	600g/亩	喷施,按照生产实际,结合产品使用技术要求,在打顶后7天内灵活落实
		4%GA₃赤霉素水剂	10g/亩	

3.6.2 气候斑点病的控制对策

气候斑的出现,标志着气候变化的异常,烟株自身抗逆性下降,是采取措施提高烟株抗逆性的时间点。

整体认识:虽然气候斑的发生与臭氧含量有密切关系,但气候斑的发生是烟株本身在抵抗外界环境时抵抗力下降的初步体现。

预测预报:烟苗移栽过浅、水肥管控不及时的烟田易发生气候斑;病毒类病害严重的烟田气候斑发生严重;连续阴雨后的骤晴天气,雷雨后的骤晴天气容易发生气候斑;云烟87、K326等常规品种均容易发生,其中K326更容易发生。

防治措施:气候斑的发生以农业防控为主,高标准执行"健苗井窖式移栽"技术,及时落实水肥管控技术,以不适用烟叶处理为契机,及早处理掉底脚叶;辅助以"甲基硫菌灵等广谱杀菌剂+吗呱乙酸铜等病毒抑制剂+氨基酸等烟叶保健产品"的化学措施,及早叶面喷雾。

3.6.3 采用石灰水控制青枯病

在大田期一旦青枯病发生，无论采用什么药剂都很难达到理想效果。但在青枯病病害发生初期浇灌石灰水可以达到一定的延缓发病、减少损失的作用。主要技术要点是：

（1）施用时间　根据当年气候变化情况及青枯病田间发病中心出现的情况，结合往年的发病历史，在发病初期或者打顶的同时进行石灰水灌根。如气温回升速度快的年份，则灌根操作的时间要适当提早，保证在青枯病暴发前完成生石灰灌根工作，偏迟会影响效果。

（2）施用田块　土壤偏酸和历年发生青枯病严重的田块。

（3）用量　每亩用 15kg（13.6g/株）粉状生石灰兑水 250kg，充分搅拌均匀后浇灌烟株基部土壤，重病区每亩用 25kg（22.7g/株）粉状生石灰兑水 250kg 浇灌。

3.7　烟草采收期的病害精准用药

3.7.1　保健-预警-系统控制的叶部病害防控策略

（1）预警　有病斑（有发病中心）、有气候条件（突然降温，或者久晴之后连阴雨天气来临）、营养不平衡（氮肥偏多，微量元素缺乏），只要这三个条件具备，就会发生叶部病害。

（2）预防　健康栽培，抗性诱导（水杨酸），补充锌肥、铜肥、磷酸二氢钾调氮。

（3）系统控制　采用统防方案，早期控制与中后期统防相结合。

3.7.2　叶部病害统防统治的用药方案

第 1 次统防统治：在烟草打顶期，根据天气情况及监测结果，重点防治烟草赤星病和野火病，每亩使用微量元素维果 5 号 120g＋50％氯溴异氰尿酸可溶粉剂 50g＋40％菌核净可湿性粉剂 100g，兑水

60kg，叶面喷雾处理。

第 2 次统防统治：针对烟草赤星病和烟草野火病的发生情况，在第一次统防统治后 7～10 天，每亩用 3％多抗霉素可湿性粉剂 60g＋50％氯溴异氰尿酸可溶粉剂 50g＋磷酸二氢钾 300g，兑水 60kg，叶面喷雾处理。

第 3 次统防统治：根据烟区烟草赤星病和野火病的发生情况，对往年危害严重的片区进行处理，在第二次统防统治后 7～10 天，每亩用 3％多抗霉素可湿性粉剂 100g＋50％氯溴异氰尿酸水剂 80mL＋磷酸二氢钾 300g，兑水 60kg，叶面喷雾处理。

在条件许可的情况下，叶部病害的用药可采用残留风险小的药剂进行轮换。不管采用什么用药方案，在每次施药时，都应该添加螯合态的微量元素如维果 5 号或维果 7 号，以缓解微量元素的不足，增强烟株的抵抗力。

第 4 章

烟草虫害的精准用药控制技术

4.1　烟草害虫及发生特点

　　烟草与昆虫的关系十分密切，有许多昆虫和软体动物以烟草为生，这些昆虫和软体动物通常被称为"食烟昆虫"。根据烟草害虫发生危害的情况，一般将烟草害虫分为三类，又叫烟草"三虫"，第一类是刺吸危害的，如蚜虫、蓟马、烟粉虱等；第二类是食叶危害的，如烟青虫、斜纹夜蛾、棉铃虫等；第三类是有一个阶段在地下发生，主要危害移栽期烟苗的，如小地老虎、金针虫等。

　　除了食烟昆虫外，以烟草为核心还生长着大量的天敌类昆虫，如蜘蛛、寄生蜂、瓢虫等，他们以食烟害虫为食，也与烟草发生着密切关系，同时间接与化学农药的使用有一定关系。此外，烟叶及加工产品贮藏期间的害虫危害可直接影响到烟草的质量和经济效益。

　　食烟昆虫在烟草上的发生有以下特点：

　　一是大多数昆虫是多食性昆虫，可以取食多种植物，如烟青虫可以取食烟草、辣椒、番茄、棉花、茄子等，烟蚜可危害桃树、辣椒、萝卜等。

　　二是许多昆虫取食烟草的同时可以传播一些对烟草危害严重的病

害，如烟蚜危害时可以传播病毒病，造成的损失更大。

三是烟草害虫的发生具有普遍性，一些害虫是世界性的害虫，大多数害虫是全国性的害虫，如烟蚜、烟粉虱、烟青虫、斜纹夜蛾等。

四是烟草害虫除了对烟叶直接伤害外，对烟草的品质也有很大影响，正如清代陆耀所称："凡烟叶被风雨所伤及虫蚀者，味辄不佳。"

五是烟草上害虫发生往往比较直观，如果在发生初期不加以控制会造成严重损失；但如果预报准确，在发生的前期及时采取药剂防治即可取得较理想的控制效果。

六是一些害虫的发生具有暴发的特点，一旦大量发生，危害相当严重。如烟草地下害虫，在移栽后集中危害，造成大面积死苗；而烟草蛀茎蛾在烟叶采收期间突然暴发，在烟草即将成熟的叶片背面蛀蚀叶柄，造成大批烟叶变黄萎蔫，这时即使采取防治措施，效果也不理想。

七是药剂控制害虫可以取得理想的效果，如果药剂能够精准地喷施到害虫身体上，一般都能很好地控制害虫种群的数量和减轻危害，精准减量的化学防治仍然是控制害虫发生的重要手段。但是，一些昆虫如斜纹夜蛾和烟蚜很容易对一些药剂产生抗药性。

4.2 烟用杀虫剂的主要类型

按照杀虫剂作用方式的传统分类可将烟用杀虫剂分为胃毒剂、触杀剂、熏蒸剂、内吸剂等。近代则趋向于分为神经毒剂、不育剂、拒食剂、驱避剂、昆虫生长调节剂等。一般情况下，对杀虫剂的分类是根据化合物的结构来进行的。下面我们就根据化合物的结构来介绍烟草上使用的主要杀虫剂。目前，在烟草上可以使用的杀虫剂大致包括以下几个主要类型：

① 氨基甲酸酯类，包括抗蚜威、灭多威等。

② 拟除虫菊酯类，包括溴氰菊酯（敌杀死）、氟氯氰菊酯（功夫）、顺式氰戊菊酯（来福灵）等。

③ 氯化烟碱类，包括啶虫脒、吡虫啉、噻虫嗪等。

④ 大环内酯类，包括阿维菌素等。

⑤ 有机聚合物，包括四聚乙醛（密达）等。

⑥ 细菌杀虫剂，如苏云金杆菌（B. t.）。

⑦ 植物源杀虫剂，如苦参碱、烟碱等。

⑧ 性诱剂，如斜纹夜蛾、烟青虫性外激素等。

⑨ 复配杀虫剂，一种或者两种不同作用机制的杀虫剂复配在一起提高杀虫效果，克服害虫的抗药性等，如阿维·吡虫啉等。

4.3　烟草主要害虫的精准用药防控技术

4.3.1　选用杀虫剂控制烟草害虫的基本原则和注意事项

（1）**基本原则**　烟草害虫控制是一个复杂的系统工程，在控制烟草害虫时，选用杀虫剂是一个应急措施。在决定一种杀虫剂是否可以用来控制某种烟草害虫时，需要考虑以下几条原则。

一是有利于对烟草害虫的可持续控制，即采用这种药剂后，害虫不易产生抗药性，而且也不影响对其他药剂或者防治措施的选择；

二是不对烟草造成杀虫剂残留，或者能将残留控制在国际和国内的有关规定标准之内；

三是有利于烟草的正常生长，几乎没有药害产生；

四是使用后对害虫天敌或者有益生物不造成伤害或者伤害降低到最低限度；

五是有利于烟农的安全使用，使用技术简单，对使用者健康不产生明显影响；

六是成本比较低，经济效益比较高；

七是有利于烟草有害生物的系统控制和烟草的可持续发展；

八是使用后对烟田土壤或者附近水源不造成污染或者潜在的污染。

（2）**注意事项**

① 注意害虫防治过程中的防治阈值。防治阈值有时又叫经济阈值，是指防治成本与危害造成的损失相等的程度。如果危害比防治成

本高，就要进行防治，如果危害损失不及防治成本，就可以考虑不进行防治。

② 注意生态平衡的维护：昆虫具有和人类同等的生存权利，如果昆虫的正常存在并不对人类的农业生产构成威胁，就不需要对昆虫彻底消灭。

③ 不要以为价格高的药是好药，也不要以为价格低就是不合理的药剂。

④ 不能见虫就用药。

⑤ 不能追求100%的防效，这是农药使用最大的误区。昆虫的发生很不整齐，一个群体中的个体也有抗性个体和敏感个体的区分，因此，不能追求把所有的个体全部杀死，这样就会加大用药量，不仅成本增高，而且农药对环境的污染程度将大大增加。

4.3.2 防治烟草害虫的主要药剂

根据农药品种特性、安全性和方便性，以及害虫发生的特点和规律，针对烟草的主要害虫，可参照表4-1选择对应的药剂。

表4-1 烟草害虫种类和选择药剂的对应关系

害虫类群	害虫名称	学名	控制药剂
地下害虫（食地下根茎类）	小地老虎（土蚕）	*Agrotis ypsilon* Rottemberg	高效氯氟氰菊酯、溴氰菊酯、氯氰菊酯等；绿僵菌、苏云金杆菌；性诱剂等
	黄地老虎（土蚕）	*A. segetum* Schiffer-müller	
	华北蝼蛄	*Gryllotalpa unispina* Saussure	
	非洲蝼蛄	*G. africana* Palisot de Beauvois	
	沟叩头虫（金针虫）	*Pleonomus canaliculatus* Faldermann	
	细胸叩头虫（金针虫）	*Agriotes fuscicollis* Miwa	
	华北大黑鳃金龟幼虫（蛴螬）	*Holotrichia oblita* Faldermann	

害虫类群	害虫名称	学名	控制药剂
软体动物（取食移栽前后的幼苗）	灰巴蜗牛	*Bradybaena ravida ravida*	四聚乙醛
	野蛞蝓	*Agriolimax agrestis* (Linnaeus)	
	褐云玛瑙螺	*Achatina fulica* (Ferussae)	
食叶类1（食生长期叶片）	烟夜蛾（烟青虫）	*Helicoverpa assulta* Guenée	印楝素、烟碱、苦参碱、苏云金杆菌、高效氯氟氰菊酯、醚菊酯、氯氰菊酯、溴氰菊酯、甲氨基阿维菌素苯甲酸盐、高氯·甲维盐、顺式氰戊菊酯、灭多威、噻虫嗪、性诱剂等
	棉铃虫	*Helicoverpa armigera* Hübner	
	斜纹夜蛾	*Prodenia litura* (Fabricius)	高氯·甲维盐、性诱剂
	大灰象甲	*Sympiezomias velatus* (Chevrolat)	三氟氯氰菊酯、绿僵菌，谨慎选用辛硫磷等
	拟步甲（沙潜）	*Opatrum subaratum* Faldermann	
	华北大黑鳃金龟成虫	*Holotrichia oblita* Faldermann	
	蟋蟀	*Loxoblemmus doenitzi* Stein	绿僵菌，烟地之外谨慎选用灭多威等
	短额负蝗（蝗虫）	*Atractomorpha sinensis* Bolivar	
食叶类2（取食并网叶）	马铃薯瓢虫	*Henosepilachna viginti-octomaculata* Motschuls-ky	顺式氰戊菊酯、三氟氯氰菊酯等谨慎选用辛硫磷
	茄二十八星瓢虫	*H. vigintioctopunctata* Fabricius	

害虫类群	害虫名称	学名	控制药剂
食叶类 3（食储藏期叶片和碎屑）	烟草甲	*Lasioderma serricorne*	性诱剂
	烟草粉斑螟	*Ephestia elutella*	
	大谷盗	*Tenebroides mauritanicus*	
	米黑虫	Aglossa dimidita	
	黑毛皮蠹	*Attagenus unicolor japonicus* Reitter	
	玉米象	*Sitophilus zeamais* Motschulsky	
	赤拟谷盗	*Tribolium castaneum*	
刺吸类（取食汁液，伤害叶片）	烟蚜	*Myzus persicae*（Sulzer）	吡虫啉、啶虫脒、噻虫嗪、吡蚜酮、噻虫·高氯氟、联苯·噻虫嗪、醚菊酯
	烟粉虱	*Bemisia tabaci*	
	烟蓟马	*Thrips tabaci* Lindeman	溴氰菊酯、吡虫啉、噻虫嗪、苦参碱等
	斑须蝽	*Dolycoris baccarum* Linnaeus	溴氰菊酯、吡虫啉、噻虫·高氯氟、联苯·噻虫嗪、灭多威
	稻绿蝽	*Nezara viridula*	
	烟盲蝽	*Cyrtopeltis tenuis* Reuter	
	大青叶蝉	*Tettigella viridis*（Linnaeus）	吡虫啉、噻虫嗪
	烟根粉蚧	*Rhizoecus* sp.	溴氰菊酯、噻虫嗪、吡虫啉、苦参碱等
	烟草螨类		烟碱、联苯菊酯
潜叶和蛀茎类	烟潜叶蛾	*Phthroimaea operculella* Zeller	高效氯氟氰菊酯、顺式氰戊菊酯
	南美斑潜蝇	*Liriomyza huidobrensis*	
	烟蛀茎蛾	*Scrobipalpa heliopa*	

4.3.3 烟草主要害虫的对靶精准用药

每一种药剂都有自己特殊的作用靶点，对于防治害虫的药剂来说，药剂能够落到虫子身上，能够穿透昆虫体壁，进入昆虫体内，并传递到作用靶点才能发挥作用，因此，必须考虑到每一种药剂特殊的作用位点。在烟田使用农药的过程中，要考虑到每一类害虫的危害特点、在烟草上的主要生存部位，以及如何才能使药剂恰当地和害虫接触，这样才能起到杀虫的作用。

4.3.4 刺吸类害虫的精准用药技术要点

（1）蚜虫、烟粉虱发生特点和防治难点

① 在烟草叶背面危害，蚜虫危害上部嫩叶，烟粉虱主要危害中上部叶片；

② 成虫、不同龄期若虫都可危害，危害以口针刺吸为主要特征；

③ 发生期虫口数量大、发生规律不明显，世代交替严重；

④ 抗药性突出，在叶背面施药困难，药剂防治效果不能很好体现。

（2）防治该类害虫的药剂

① 可选药剂：根据全国烟草病虫害测报网的信息，并结合多年的试验分析，防治刺吸类害虫蚜虫、烟粉虱可使用的药剂一共有21种，大多是新烟碱类杀虫剂及其复配制剂，其中主要的种类有：200g/L吡虫啉可溶液剂、5%啶虫脒乳油、25%噻虫嗪水分散粒剂、25%吡蚜酮可湿性粉剂、10%醚菊酯悬浮剂、10%除虫菊素乳油、22%噻虫·高氯氟微囊悬浮剂、1.7%阿维·吡虫啉微乳剂、32%联苯·噻虫嗪悬浮剂、0.5%藜芦碱可溶液剂等（表4-2）。

表4-2 防治刺吸类害虫可选药剂的使用技术要点

序号	产品名称	防控对象	有效成分常用量	有效成分最高用量	施药方法	最多使用次数	安全间隔期/d
1	0.5%藜芦碱可溶液剂	烟蚜	75mL/亩	100mL/亩	喷雾	2	10

序号	产品名称	防控对象	有效成分常用量	有效成分最高用量	施药方法	最多使用次数	安全间隔期/d
2	2%吡虫啉颗粒剂	烟蚜	9g/亩	13g/亩	毒土法穴施	1	10
3	200g/L 吡虫啉可溶液剂	蚜虫	3g/亩	4.5g/亩	喷雾	2	10
4	1.7%阿维·吡虫啉微乳剂	蚜虫、烟粉虱	1000 倍液	800 倍液	喷雾	2	10
5	70%啶虫脒水分散粒剂	烟蚜	2g/亩	3g/亩	喷雾	2	10
6	22%噻虫·高氯氟微囊悬浮剂	烟蚜、烟粉虱	1.1g/亩	2.2g/亩	喷雾	2	10
7	32%联苯·噻虫嗪悬浮剂	烟蚜、烟粉虱	1.6g/亩	2.4g/亩	喷雾	2	10
8	25%噻虫嗪水分散粒剂	烟蚜、烟粉虱	1.25g/亩	1.75g/亩	喷雾	2	10
9	25%吡蚜酮可湿性粉剂	烟蚜	3g/亩	4g/亩	喷雾	2	10
10	50%吡蚜酮水分散粒剂	烟蚜、烟粉虱	3g/亩	4g/亩	喷雾	2	10
11	10%醚菊酯悬浮剂	烟蚜、烟粉虱	9g/亩	10g/亩	喷雾	2	10
12	10%除虫菊素乳油	烟蚜、烟粉虱	20mL/亩	40mL/亩	喷雾	2	10

注：资料来源于全国烟草病虫害测报一级站，烟草病虫信息，2019 年第 2 期。

② 主推药剂：25％吡蚜酮可湿性粉剂、2％吡虫啉颗粒剂、10％醚菊酯悬浮剂、25％噻虫嗪水分散粒剂、0.5％藜芦碱可溶液剂等。

③ 安全系数较高药剂：25％吡蚜酮可湿性粉剂、0.5％藜芦碱可溶液剂。

（3）精准用药的要点

① 喷雾技术要考虑均匀用药和正反叶片用药。

② 用药的行动阈值为20头/株。

③ 结合增效剂的使用，减少药剂用量。

④ 吡虫啉、啶虫脒、噻虫嗪类药剂要尽量避免在养蜂区喷雾，避免在有风的天气喷雾。

⑤ 结合烟蚜茧蜂、丽蚜小蜂、瓢虫等天敌释放，协调好药剂防治和其他防治措施之间的关系。

⑥ 结合黄板的使用，在有翅蚜迁飞期及时使用黄板诱蚜，控制有翅蚜，减少田间虫口数量。

4.3.5　烟青虫等食叶类鳞翅目害虫的精准用药

（1）食叶类鳞翅目害虫的危害特点

① 幼虫危害，取食叶片。

② 烟青虫和棉铃虫卵散产，一般在烟株顶部，危害幼嫩叶片；斜纹夜蛾卵聚产，一般在叶片背面，危害中上部叶片。

③ 三龄以后食量大增，斜纹夜蛾幼虫分散迁移、危害严重，龄期越大，防治越难。

④ 幼虫体壁几丁质外壳对药剂有抗御作用，斜纹夜蛾和棉铃虫的幼虫对药剂的抗药性突出，一般药剂很难渗透到体内。

（2）防治该类害虫的药剂

① 可选药剂：根据全国烟草病虫害测报一级站的信息，并结合多年的试验分析，防治刺吸类害虫蚜虫、烟粉虱可使用的药剂一共有28种，其中烟青虫24种，斜纹夜蛾、棉铃虫4种，以甲维盐为核心；这里没有包括性诱剂，烟青虫、棉铃虫和斜纹夜蛾都有对应的性诱剂，可考虑选用。去掉重复的品名，将主要的用于防治食叶类害虫的药剂列入表4-3。

表 4-3 防治食叶类害虫可选药剂的使用技术要点

序号	产品名称	防控对象	有效成分常用量	有效成分最高用量	施药方法	最多使用次数	安全间隔期/d
1	0.3%印楝素乳油	烟青虫	0.3g/亩	0.45g/亩	喷雾	2	10
2	10%醚菊酯悬浮剂	烟青虫	9g/亩	12g/亩	喷雾	2	10
3	4%茚虫威微乳剂	烟青虫	0.48g/亩	0.72g/亩	喷雾	2	10
4	10%阿维·甲虫肼悬浮剂	烟青虫、斜纹夜蛾	3g/亩	4.5g/亩	喷雾	2	10
5	10%甲维·高氯氟微乳剂	烟青虫、斜纹夜蛾	0.6g/亩	0.8g/亩	喷雾	2	10
6	25%噻虫嗪水分散粒剂	烟青虫	1.5g/亩	1.75g/亩	喷雾	2	10
7	0.5%苦参碱水剂	烟青虫	800倍液	600倍液	喷雾	2	10
8	10%烟碱乳油	烟青虫	6.3g/亩	7.5g/亩	喷雾	2	10
9	5%氯氰菊酯乳油	烟青虫	1200倍液	1000倍液	喷雾	2	10
10	25g/L溴氰菊酯乳油	烟青虫	2500倍液	1000倍液	喷雾	2	10
11	25g/L高效氯氟氰菊酯乳油	烟青虫	0.8g/亩	0.9g/亩	喷雾	2	10
12	50g/L S-氰戊菊酯水乳剂	烟青虫	0.6g/亩	1.2g/亩	喷雾	2	10
13	1%甲氨基阿维菌素苯甲酸盐微乳剂	烟青虫	1500倍液	1000倍液	喷雾	2	10
14	5%高氯·甲维盐微乳剂	烟青虫、斜纹夜蛾	0.8g/亩	0.9g/亩	喷雾	2	10

序号	产品名称	防控对象	有效成分常用量	有效成分最高用量	施药方法	最多使用次数	安全间隔期/d
15	16000IU/mg 苏云金杆菌可湿性粉剂	烟青虫	50g/亩	75g/亩	喷雾	2	10
16	600亿 PIB/g 棉铃虫核型多角体病毒水分散粒剂	烟青虫、棉铃虫	3g/亩	4g/亩	喷雾	2	10
17	100亿孢子/mL 短稳杆菌悬浮剂	烟青虫	71.4mL/亩	100mL/亩	喷雾	2	10
18	10%甲维·高氯氟微乳剂	斜纹夜蛾	0.6g/亩	0.8g/亩	喷雾	2	10
19	3%甲氨基阿维菌素悬浮剂	斜纹夜蛾	0.1g/亩	0.15g/亩	喷雾	2	10

注：资料来源于全国烟草病虫害测报一级站，烟草病虫信息，2019年第2期。

② 主推药剂：10%醚菊酯悬浮剂、10%甲维·高氯氟微乳剂、25g/L 高效氯氟氰菊酯乳油、16000IU/mg 苏云金杆菌可湿性粉剂、600亿 PIB/g 棉铃虫核型多角体病毒水分散粒剂、0.3%印楝素乳油、0.5%苦参碱水剂、10%烟碱乳油、性诱剂。其中10%甲维·高氯氟微乳剂对烟青虫、斜纹夜蛾、棉铃虫都有一定的效果。

③ 安全系数较高药剂：16000IU/mg 苏云金杆菌可湿性粉剂、600亿 PIB/g 棉铃虫核型多角体病毒水分散粒剂、0.3%印楝素乳油、0.5%苦参碱水剂、10%烟碱乳油、性诱剂。

（3）精准用药的要点

① 幼虫3龄以前用药。

② 注意叶背面对准斜纹夜蛾卵块用药；烟青虫要对准顶部用药。

③ 轮换用药，一种药剂一个生育期最多使用两次，避免抗药性产生。

④ 注意和性诱、食诱技术结合（控制成虫为主，施药防治幼虫为辅）。

⑤ 叶面喷雾，烟青虫根据实际分散集中防治，蝗虫先轻后重、

从外围向中心。

⑥ 注意安全间隔期，不得选用有机磷农药，避免农残超限。

（4）选择恰当的喷雾技术　不同喷雾技术对烟青虫的控制效果有很大差异。试验证明，同样的药剂，采用电动喷雾器＋压顶法喷雾技术控制烟青虫效果最优，防治效果为 95.36%；静电喷雾器次之，防治效果为 95.12%；手动喷雾器最差，防治效果为 75.32%。

4.3.6　地下害虫的精准用药技术要点

（1）地下害虫的危害特点

① 地老虎、金针虫幼虫危害，地老虎 1～2 龄可取食心叶或者嫩叶，3 龄以后主要危害幼苗和根茎部；

② 一段时间生活在地下，昼伏夜出，移栽期是发生危害的高峰期；

③ 移栽的烟穴是害虫活动的主要地方，精准用药位点清晰，药剂控制有效。

（2）防治该类害虫的药剂

① 可选药剂：根据全国烟草病虫害测报网的信息，并结合多年的试验分析，防治地下害虫地老虎可使用的药剂一共有 5 种，以拟虫除虫菊酯类杀虫剂为核心；这里没有包括性诱剂，可考虑选用小地老虎的性诱剂诱集成虫（表 4-4）。

表 4-4　防治地下害虫可选药剂的使用技术要点

序号	产品名称	防控对象	有效成分常用量	有效成分最高用量	施药方法	最多使用次数	安全间隔期/d
1	5% 氯氰菊酯乳油	地老虎	0.5g/亩	0.75g/亩	喷雾	2	10
2	5% 高效氯氟氰菊酯微乳剂	地老虎	0.375g/亩	0.5g/亩	喷雾	2	10
3	5.7% 氟氯氰菊酯水乳剂	地老虎	1.71g/亩	2.28g/亩	喷雾	2	10
4	25% 丁硫·甲维盐水乳剂	地老虎	3000 倍液	2000 倍液	灌根或穴施	2	10

注：资料来源于全国烟草病虫害测报一级站，烟草病虫信息，2019 年第 2 期。

② 主推药剂：5％高效氯氟氰菊酯微乳剂、25％丁硫·甲维盐水乳剂、绿僵菌、性诱剂。

③ 安全系数较高药剂：绿僵菌、性诱剂。

（3）精准用药的要点

① 移栽当天用化学药剂对准移栽烟穴及烟株根茎部喷淋；

② 绿僵菌盖膜时均匀撒施垄面，然后盖膜；

③ 结合施肥，采用带水、带肥、带药"三带"技术减少用工；

④ 性诱剂必须结合测报，在地老虎越冬代成虫发生高峰期使用。

4.3.7　软体动物的精准用药技术要点

（1）软体动物的危害特点

① 食性杂，除取食烟草外，也能取食其他植物和杂草，因此，越冬田清洁卫生不好的地块，发生严重；

② 昼伏夜出进行危害，或傍晚、清晨危害；

③ 幼、成体取食植物的幼嫩部分，将之咬成大小不等的孔洞，或咬断根部及嫩茎；

④ 该类害虫喜湿怕光，移栽后阴雨连绵，发生危害严重，干旱天气，发生危害轻。

（2）防治该类害虫的药剂　6％四聚乙醛颗粒剂或多聚乙醛的制剂是控制软体动物较为理想的药剂。

（3）精准用药的要点

① 移栽当天或者移栽后 2 天内，用 6％四聚乙醛进行穴施或者施药在烟株周围，每穴 6～10 粒，不要让药剂黏附在烟苗叶片上；

② 蛞蝓对甜味、腥味等有趋性，用带这些气味的物质诱杀，这些物质中可混有一定比例的四聚乙醛等农药，这样可以达到诱杀的目的；

③ 施用腐熟的有机肥，在危害区地面上喷撒石灰粉、草木灰等可以减轻危害。

4.3.8　储藏烟叶害虫的精准用药技术要点

（1）储藏烟叶害虫种类及危害特点

① 储藏期危害烟叶的害虫包括鞘翅目的烟草甲、大谷盗、赤拟

谷盗等，鳞翅目的烟草粉斑螟以及一些食屑昆虫等；

② 该类害虫主要取食烘烤储存期较长的烟叶；

③ 该类害虫的生活场地都是室内环境，相对稳定和封闭。

（2）防治该类害虫的药剂　主要是性诱剂和熏蒸剂如磷化铝等。

（3）精准用药的要点

① 烟草甲、烟草粉斑螟都有很成熟的性诱剂，在诱杀前要调查害虫种类，恰当选用针对性的性诱剂，性诱剂放置在仓储空间内，根据烟叶的堆放情况，要注意立体放置；

② 熏蒸剂要注意密封严实，注意密闭环境的温湿度，避免药剂泄露污染环境和对人畜造成伤害；

③ 注意贮烟环境的卫生，控制烟叶的含水率、仓库的相对湿度和烟仓温度，对于提高杀虫效果十分关键。

4.4　烟草主要生育期害虫的精准用药防控技术

4.4.1　烟草苗期及移栽期的害虫精准用药防控技术

（1）苗期及移栽期害虫发生的种类与特点　烟草苗期一般温度较低，加之育苗环节的环境相对封闭，害虫种类较少，但也会造成一定的伤害，如软体动物、迁飞蚜虫、蓟马、潜叶蝇等；移栽时发生的地下害虫和软体动物等，对烟苗会造成一定的伤害；迁飞蚜虫和蓟马还可以在早期危害时传播病毒，因此，也要采用一些药剂对这些害虫进行控制。

苗期害虫主要有地下害虫（蝼蛄、地老虎、金针虫、蛴螬等）和蚜虫，南方烟区还有斑潜蝇等。由于目前苗床土多采用药剂熏蒸，地下害虫危害不大。但近年来蚜虫、斑潜蝇迁飞到苗床的数量越来越多，造成较大危害，应当重视苗期这两种害虫的防治。特别是蚜虫，不仅直接危害，还能传播病毒病，危害性更大。

随着育苗设施设备建设标准越来越高，地基硬化、防虫网普遍使用、提前消毒等技术的落实已成为常态化工作，苗床害虫在生产上的种类越来越少，发生与危害现象越来越少，程度越来越轻。

（2）苗期和移栽期可选用的农药品种　可选用的药剂：威百亩（斯美地）、吡虫啉、啶虫脒、噻虫嗪、吡蚜酮、噻虫·高氯氟、联苯·噻虫嗪、醚菊酯、抗蚜威、涕灭威（神农丹、铁灭克）、苦参碱、四聚乙醛等。

（3）苗期和移栽期用药的技术　苗期病虫害的综合防治，重点在于加强苗期管理，结合药剂防治。具体措施有下列几种。

① 苗床地的选择。选择苗床地势较高、背风向阳、排水条件好的地块，苗床远离烤房、村庄，严禁在原烟草种植地、菜园地和相邻的田块以及房屋边上做大棚、小拱棚进行育苗。

② 苗床土、肥的选用与育苗设施的消毒。苗床土最好选用山坡生土，也可使用未栽过烟和未种过菜的大田土，配制营养土的农家肥应使用已经腐熟且未经烟草和蔬菜残体污染的农家肥。对于一些非常年育苗场地或者育苗场地种植过其他作物的育苗场，要进行消毒处理，主要方法如下文介绍。

威百亩（32.7%斯美地或33.6%适每地）消毒操作方法：播种前一个月，施药前先将土壤锄松、整平，并保持潮湿，做到手握成团，落地散开；每平方米用50mL斯美地和3L水稀释成的60倍溶液均匀浇洒地表面，让土层湿透4cm；浇洒药液后，用聚乙烯地膜覆盖，严防漏气。如土温高于15℃，经过7～10d后除去地膜，将土壤表层耙松，使残留药气充分挥发2d以上即可播种或种植。如土温低于15℃，熏蒸时间需15d或更长，散毒气时需要将土壤充分耙松（2～3次），散毒时间5d以上。

③ 药剂保护。要经常喷药防治苗床周围大棚和露地蔬菜上的蚜虫，尤其是在通风排湿前，以减少进入苗床的蚜虫数量，可用10%的吡虫啉3000倍液或50%的抗蚜威粉剂3000倍液进行喷施防治。

对于苗床害虫防治，如果采用化学药剂喷雾，一定要选择低容量喷雾技术，使药剂均匀分散，同时，尽量减少药液的用量，避免增加苗棚内的湿度。

（4）苗床期软体动物的精准用药技术　在有蛞蝓发生的苗棚，于棚内苗池四周水泥沿坎上、苗棚周边水泥排水沟沿上设置四聚乙醛药剂带，宽度不低于 5cm，无间断，特别是有明显的蛞蝓活动印记的沿坎或沟沿应确保无间断，此种方法可直接毒杀蛞蝓个体，防止蛞蝓爬到苗池取食危害烟苗。

（5）移栽期地下害虫的精准用药技术

① 移栽当天，每亩用 20%噁霉·稻瘟灵乳油 30mL＋5.5%高效氯氰菊酯乳油 50～60g＋提苗肥（20∶15∶10）1.5kg，兑水 100～150kg，灌根处理（100～150mL/株），另外，有病毒病发生的烟田，在定根水中除加入上述集中肥药外，每亩再加入 150～200g 的硫酸锌微肥。

② 定根水淋施结束后，同步进行垄体外围地下害虫的防治工作，每亩用 5.5%高效氯氰菊酯乳油 20～25g，兑水 20kg，田间均匀喷雾处理。

③ 定根水淋施 24h 内，有软体动物如蜗牛、蛞蝓危害，每亩可用 6%四聚乙醛 200g 进行窝施，每窝 8～12 粒，必须施入窝穴内。

（6）药剂替代技术控制害虫的方法步骤

① 防虫网控制害虫技术。蚜虫和蓟马等是病毒传播媒介，覆盖尼龙网可防止害虫进入苗棚，可以杜绝毒源，有效减少病毒病发生概率。防虫网的选择上，要考虑纱网的目数、颜色和幅宽等。如果目数太少，网眼偏大，则起不到应有的防虫效果；目数若过多，网眼太小，虽能防虫，但通风不良，导致温度偏高，遮光过多，则不利于作物生长。一般宜选用 22～24 目的银白色防虫网预防迁飞性蚜虫；40～60 目的银灰色防虫网预防粉虱；60～80 目的白色防虫网预防蓟马迁入。在整个育苗期间，尼龙网四周要覆盖严密，在门口和通风口，尽量采用双层门，避免在开门时昆虫随机迁入。

在揭网操作过程中，如进行装盘、定苗、剪叶、施药、施肥等操作时要随时保持尼龙网的覆盖，尽量采取隔离措施，避免棚、盘、苗裸露在外；出入大棚要注意随手关门。经常检查各处门、窗和通风口尼龙网覆盖是否严实，及时检查修补破损处。

② 色板诱杀控制害虫技术。昆虫对一些颜色有明显的趋性，采用这一原理可以有效地诱杀迁飞性害虫。黄板可诱杀蚜虫、白粉虱、烟粉虱、飞虱、叶蝉、斑潜蝇等，蓝板可诱杀种蝇、蓟马等昆虫，对

由这些昆虫为传毒媒介的作物病毒病也有很好的防治效果。诱虫板应选用材质较好、可双面诱杀、无毒、抗日晒、耐雨水冲刷的产品。要注意在害虫开始迁飞时挂板，不要等害虫已经开始大量迁飞时再操作。悬挂时，每 10 平方米悬挂一块 20cm×30cm 的色板比较合适，胶板垂直底边距离作物 15～20cm。用线绳将黄板吊挂在棚中，避免在周边悬挂。一般色板的寿命在 40 天左右，当色板上粘满害虫或者色板时间过长时，要注意更换。

4.4.2 烟草大田期杀虫剂的精准用药技术

（1）烟草大田期发生的害虫种类及特点　大田期是指烟苗定植后一直到采收结束的时期。在这个时期，烟草是一个开放的生长系统，会有多种害虫发生。食烟害虫以烟草为生，可以危害幼苗，也可以取食叶片，可以刺吸危害，也可以钻蛀危害。害虫可食烟草的各个器官、组织。根据害虫与烟草生育期的结合以及其危害特点可以分为：花期害虫、食叶类害虫、刺吸类害虫、蛀茎类害虫、地下害虫等。这些害虫由于与烟草形成了密切的关系，每年都会发生，若控制不当，损失惨重。如烟蚜，不仅吸食烟草汁液，使烟草营养缺乏、生长缓慢、卷缩等，而且可传播 115 种植物病毒（占蚜虫传播的 170 种植物病毒的 67.67%），其损失往往更为严重。除此之外，烟草上其他主要害虫，如地下害虫（地老虎类、金针虫、蝼蛄等）在烟草的苗期、移栽期至团棵期咬断烟草根部或近地茎秆，使烟草失水枯萎死亡；一些食叶性的害虫（烟青虫、棉铃虫、斜纹夜蛾等）危害烟草叶片，常造成缺刻和孔洞。

从多年的统计情况看，蚜虫、烟青虫、地下害虫是烟草上主要的三大类靶标害虫。特别是蚜虫的发生危害更为普遍和严重。根据近几年的统计数据分析，全国烟草害虫造成的损失是在逐年增加的，而且这种损失还是在采用有效防控措施，可以取得一定效果的情况下发生的。因此，烟草害虫对烟草的危害比较严重，应该认真对待、科学防治。需要分清危害烟田的主要害虫和次要害虫，还要明确害虫的危害特性，在科学预报的前提下，抓住关键的防控时机，恰当有效地进行防控。

食烟昆虫的发生和为害特点主要表现在选择寄主植物、取食为害、传播病害、迁移扩散等方面。鳞翅目害虫一般有发生代数之分，幼虫会在田间出现高峰期；蚜虫和烟粉虱会世代重叠，一旦发生会一直在田间存在。

烟草生育期的害虫取食烟草也以烟草为生长环境，因此，烟叶、烟秆、烟花、烟根常常也是一些害虫的栖息场所。施药时，要注意害虫存在的部位和与烟草器官组织的关系，及时发现害虫，才能精准用药。

（2）大田期害虫防治用药的技术

① 防控对象。大田期害虫防治重点为控制以蚜虫为代表的刺吸类靶标害虫以及以烟青虫为代表的食叶类靶标害虫；在局部地区注意蛀茎蛾的危害。

一般情况是蚜虫会根据天气情况出现高峰期，鳞翅目害虫一般会根据害虫的生活史出现不同的代数。精准用药要结合田间害虫发生情况进行，一般是在害虫发生高峰即将到来时用药。

② 大田期施用杀虫剂的方法。大田期施用杀虫剂的方法一般是喷雾防治。喷雾防治又可分为手动喷雾方法、电动喷雾方法、机动喷雾方法、无人机喷雾方法等多种。

喷雾要求：一是喷雾的压力要均匀、喷出的雾滴要均匀；二是雾滴的雾化程度要好，越是雾化好，雾滴细的喷雾装置，越容易将药剂均匀高效地喷施到田间靶标对象上；三是喷施到叶片上的雾滴以均匀而不流淌为限，不能让药液流淌滑落到地面；四是注意施药时的气候条件，避免风速影响药液的沉降，避免强光对药剂的分解。

大田期施药的方法还包括：牙签法，即将牙签浸泡具有内吸作用的药液后，插到茎秆比较粗壮的烟株上，使药剂随烟株的水分传导而到达作用部位。

③ 具体防控对象的精准用药技术。蚜虫和烟青虫的精准防控技术可参照本章单项靶标的防控技术。

（3）大田期害虫化学防控的替代技术

① 性诱技术。主要用来控制烟青虫、斜纹夜蛾、棉铃虫和地老虎的成虫。其主要是依据昆虫同种雌雄之间有信息素可以进行交流的

原理，通过释放雌性信息素，吸引雄虫到一些诱虫装置内，而将成虫诱杀的一项技术。

性诱技术的核心技术要点是：在成虫开始羽化时放置性诱装置，诱芯一定是新鲜的刚从低温保藏环境中取出的，一般30天左右要更换一次诱芯。诱捕装置安置的高度一般为1.5m左右，一般每亩放置一个性诱装置。对于诱集到的成虫要及时清理深埋。

② 光诱技术。主要是控制鳞翅目和鞘翅目的一些昆虫。基本原理是利用昆虫的趋光特性，用一些光源在晚间将一些趋光昆虫诱集到相应装置内，从而诱杀昆虫成虫。

灯诱技术的核心技术要点是：晚间开灯，对不同的昆虫种类应选择频率不一样的光源。光源应安装在地块的周围，远离林区和村庄。在烟草地使用要严格按照产品说明书进行，应在专业人员指导下安装。该技术对害虫的针对性差，成本较高，对非靶标昆虫也有很强的诱杀作用，一般不建议使用。

③ 色板诱杀害虫技术。主要是用来控制蚜虫、烟粉虱和蓟马等害虫，是利用蚜虫、烟粉虱对黄色有一定的趋性，而蓟马对蓝色有一定趋性这一原理，制作成黄板或者蓝板对害虫进行诱杀的一项技术。

色诱技术的核心技术要点是：对有翅能飞翔的成虫有诱杀作用，一定要在蚜虫、烟粉虱或者蓟马迁入烟地前进行安装，一旦烟地已经有了大量无翅昆虫，再安装色板已经没有多大意义。因此，建议在移栽后，烟苗露出地面，能看地田间有绿色时就开始安装，一般是每亩安装30～40块，高度为色板底面距离垄面60～100cm。色板的持效期一般为40d，因此，在安装色板一个半月后要及时拆除，防止对烟叶造成伤害。同时，要及时清理色板，避免造成污染。

④ 天敌释放技术。每一种害虫都有天敌，利用害虫的天敌以及在一定范围内释放更多数量的天敌来控制害虫是害虫防治的一种重要途径。现在生产上主要利用寄生性蚜茧蜂来控制蚜虫，利用丽蚜小蜂控制烟粉虱，用捕食性天敌蠋蝽控制烟青虫和斜纹夜蛾，用瓢虫控制蚜虫，用捕食螨控制烟粉虱等。

天敌释放技术的核心要点是：要在田间有一定虫口数量，而且虫口数量在天敌可控范围内释放才有效。虫口数量过低，释放天敌不经济，虫口数量过大，释放天敌控制效果差。对于释放蚜茧蜂防治蚜虫的益害比为(1∶100)～(1∶150)，这个比例是决定防治效果的关键。

⑤ 微生物制剂的应用技术。微生物制剂是利用微生物可以让昆虫感染病菌导致一些昆虫死亡的原理研制出的害虫控制药剂。几乎每一种害虫都有一定的微生物制剂或者微生物农药。如球孢白僵菌可以控制蚜虫，绿僵菌可以控制小地老虎，核多角体病毒可以控制棉铃虫，苏云金杆菌（B.t.）可以控制烟青虫等。

应用微生物制剂控制害虫的核心技术要点是：要有针对性，什么样的害虫就要选择对应的微生物农药；微生物制剂不能和化学杀菌剂混合使用，使用微生物制剂要考虑这些微生物自身生存的环境条件，如干旱条件、紫外线照射等都不利于药剂发挥作用。微生物制剂的控制作用也是有限的，在虫口数量较大的情况下，要注意配合化学农药的使用。

第 5 章

烟田杂草精准科学用药技术

5.1 烟田杂草观

5.1.1 科学认识杂草

烟田杂草是指生长在烟田并有害于烟草正常生长的植物，一般是非栽培的野生植物。杂草通过与烟草争光、争肥、争空间，严重地影响烟草的产量与质量。同时，某些杂草是烟草病虫害的中间寄主或蛰伏越冬的场所，会诱发和助长病虫害的蔓延与传播。烟草苗床发生杂草为害，轻者致使幼苗生长缓慢，重者可被杂草"吃掉"。大田发生杂草为害，直接影响烟株的正常生长发育，导致烟叶产量和品质下降。

杂草虽然有一定的危害性，但是杂草的发生是一种自然现象，是长期与烟草互相适应、互相进化的结果。在一定情况下，烟田杂草可以指示土壤的状况，一定量的杂草可以刺激烟草更好地生长；杂草经过处理后，还可以作为绿肥，养护土壤；在后期生长的杂草，对烟草几乎没有大的影响，而且还可以消耗土壤中多余的化肥，对于优化烟田生态环境具有一些基础的作用。因此，控制杂草不能走极端的路线，要合理、有效，而且最好采用物理的、农业的或者生物的措施进行控制，避免因为控制杂草而造成对烟草的伤害。

5.1.2　烟田杂草的主要类型

通过 2010～2013 年田间杂草调查发现，烟田杂草共有 41 科 135 属 201 种，其中，马唐、狗牙根、牛筋草、碎米莎草、香附子、铁苋菜、看麦娘、繁缕等是烟田杂草的优势种，以一年生种子繁殖的杂草为最多，对烟草生产危害严重。地区间杂草发生危害情况差异显著。重庆烟区的优势杂草为马唐、尼泊尔蓼、空心莲子草、光头稗和辣子草 5 种，区域性优势杂草为鸭跖草、小藜、双穗雀稗、绵毛酸模叶蓼、马兰、野燕麦 6 种。可根据各杂草相对高度、相对盖度、相对多度的综合值评价杂草的分布和危害情况。

一般情况下，可把烟田杂草分为一年生杂草和多年生杂草。从烟田杂草发生的情况看，主要为一年生的杂草。

另外，根据杂草形态可把烟田杂草分为单子叶杂草、阔叶杂草和莎草三类，从危害情况看，单子叶杂草的发生量最多，危害最重。针对不同类型的杂草，选用的除草剂种类会有很大差异。

5.1.3　杂草的防除方法

烟田杂草的防治方法主要包括农业除草、机械除草、生物除草和化学除草等，其中农业除草法如精选种子、人工拔草、水旱轮作、合理翻耙、春灌诱发杂草和淹灌杂草等；机械除草法如机械中耕除草和覆盖地膜除草等；生物除草法如利用食草昆虫、病原微生物和植物敏感物质防除杂草等；化学除草主要指使用化学药剂防除杂草。上述各种除草方法在杂草的综合治理中发挥一定的作用。但化学除草却具有独特的优点，在杂草防除和治理中占有更为重要的位置。

根据烟田杂草不同的优势种类和生长阶段，使用相应的除草剂种类和施用方法，能够取得更佳的杂草防除效果。杂草对气候、土壤、耕作制度有高度的适应性，具备较强的休眠性、强大的根系、较高的繁殖系数、坚强的再生力以及顽强抗御不良环境的特点。当环境条件不能满足烟草生长需要时，烟草则生长发育不良，而杂草却能正常生长和发育。当环境条件较好时，杂草生长比烟草更为旺盛，大量消耗肥水，严重影响烟草生长发育。因此，对杂草的控制也是烟草有害生物治理的一个重要方面，不容忽视。

杂草的化学防除是解决烟田杂草危害的有效手段，具有省工、省时、高效等优点，可以大幅度提高劳动生产率，是实现烟草农业现代化必不可少的一项先进技术，成为烟草高产、稳产的重要保障。但目前，化学除草剂用量不大，主要是因为除草剂的使用技术还比较落后，适用于烟草的好的除草剂品种还比较少。今后，随着耕作制度改革、烟草种植结构调整以及烟草规模化集约种植的推进，烟田采用化学除草必将成为一个重要的措施，除草剂的使用技术推广将越来越重要。但在应用化学除草剂除草的过程中，也需要注意除草剂的残留对环境特别是土壤的影响，对烟草的药害问题以及对下茬作物和临近作物的影响等，做到真正能够发挥除草剂的优势，而将其负效应降低到最低限度。

5.2　除草剂的除草原理与方法

烟田杂草一般伴随烟草同时发生，而且绝大多数杂草同烟草一样属于高等植物，要想采用化学药剂控制这些杂草而对烟草没有伤害，就要求除草剂具备特殊选择性或采用恰当的使用方式。根据作用方式，除草剂可以分为选择性除草剂和灭生性除草剂，按除草剂在植物体内的输导性能可以分为输导型除草剂和触杀型除草剂。除草剂能够发挥除草作用的根本原因是除草剂具有选择性。此外，在使用除草剂的过程中，要充分考虑影响除草剂药效发挥的因素等。

5.2.1　除草剂的选择性原理

所谓除草剂的选择性是指除草剂在使用过程中，只对要防除的杂草对象有效，而对作物安全的一种特性。除草剂的选择性是应用除草剂的关键，也是发挥一种除草剂除草作用的基本依据，因此，需要了解除草剂选择作用的基本原理。除草剂的选择性原理大致可划分为五个方面。

（1）**位差选择性**　一些除草剂对烟草也具有较强的毒性，如果在烟田直接使用会对烟草造成伤害，但在施药时利用杂草与烟草在土壤中或空间位置上的差异可获得选择性，从而对杂草有效，避免了除草剂对烟草的直接伤害。

① 土壤位差选择性。利用烟草和杂草的种子或根系在土壤中位置的不同，施用除草剂后，使杂草种子或根系接触药剂，而烟草根系不接触药剂，达到杀死杂草，保护烟草安全的目的。通常有下列两种处理方法：一是播后苗前处理法，简称苗前处理。即在烟草播种后出苗前的阶段施药，利用药剂仅固着在表土层（1～2cm）而不向深层淋溶的特性，能杀死或抑制表土层中杂草的萌发，烟草种子因有覆土层的保护，故可正常生长。二是根深差异的施药法。即利用除草剂在土壤中的位差，杀死在土壤表层的浅根杂草，而无害于根比较深的烟草。

② 空间位差选择性。利用烟田垄体高于地面的空间差异，在烟草生长前期（团棵期前）选择砜嘧磺隆或精喹禾灵·异噁草松，定向喷雾到地面上的杂草，使烟草接触不到除草剂。在喷雾器的喷头上罩一个保护罩，达到定向喷雾的效果，同时应在没有风或微风天气使用，避免除草剂药滴飘落到烟草上。

（2）**时差选择性**　对作物有较强毒性的除草剂，利用烟草移栽与杂草发芽及出苗期早晚的差异而形成的选择性，称为时差选择性。例如芽前除草剂用于烟草播种、移栽之前，杀死杂草种子或刚出芽的杂草。在烟草移栽之前，可以将芽前除草剂施用在垄体上，再覆膜，可杀死已出土的杂草，同时封闭未出土杂草。

（3）**形态选择性**　利用烟草与杂草的形态差异而获得的选择性，称为形态选择性。植物叶片的形态、叶表面的结构以及生长点的位置等，直接关系到药液的附着与吸收，因此这些差异往往影响到植物的耐药性。形态差异最明显的是单子叶植物杂草和阔叶杂草。一般选择性除草剂都会标明是对单子叶植物的杂草有效还是对阔叶杂草有效。烟草属于阔叶植物，且也是双子叶植物，在选择除草剂时，要注意烟草的基本植物学特性。

（4）**生理选择性**　生理选择性是不同植物对除草剂吸收及其在

体内转运的差异造成的选择性。不同种植物及同种植物的不同生育阶段对除草剂的吸收不同，植物茎叶或根系对除草剂吸收与输导也存在差异。易吸收与输导除草剂的植物对除草剂常表现敏感。另外，由于在不同生长阶段所表现出的对除草剂敏感性的不同也称为生理选择性。

（5）生物化学选择性　利用除草剂在植物体内生物化学反应的差异产生的选择性，称为生物化学选择性。这种选择性在作物田应用，安全系数高，属于除草剂真正意义的选择性。除草剂在植物体内进行的生物化学反应可分为活化反应与钝化反应两大类型。

例如水稻和稗草对敌稗的选择性差异，主要是由于它们叶中含有的酰胺水解酶活性存在差异。水稻能迅速地分解钝化敌稗，生成无杀草活性的3,4-二氯苯胺和丙酸，而稗草含有的酰胺水解酶的活性很低，难以分解钝化敌稗，故仍能维持对敌稗的毒性。目前，利用生物化学选择性防除烟田杂草的研究还比较少。

5.2.2　影响除草剂药效的因素

除草剂的药效取决于除草剂本身，也受制于杂草、作物和环境条件等，是诸多因素综合作用的结果。

（1）药剂　有效成分不同的除草剂，其理化性质和作用机理不一样，因而药效也存在差异；此外，除草剂中杂质和助剂以及不同的剂型等都可以影响到药效的发挥。

（2）杂草　杂草生长发育期间的一些"敏感"阶段和部位容易被除草剂攻击，通常杂草幼苗期较成熟期敏感，生长点较其他部位敏感。禾本科杂草在1.5～3叶期，阔叶杂草在4～5叶期前，是防除的最佳时期。一旦杂草植株过大，或者木质化程度严重，就会影响药效。

（3）烟草　烟草的生长情况也对除草剂药效有影响，当烟草进入团棵期，叶片较大，容易遮盖杂草，此时使用除草剂会影响除草效果。

（4）环境　环境因素主要包括土壤因素和气象因素。土壤处理的除草剂，不可避免地受到土壤因素的影响。土壤因素包括土壤质地与有机质的含量、土壤含水量和土壤微生物等。

（5）气象因素　气象因素包括温度、湿度、光照、风、雨等，气象条件对除草剂的药效与药害也有很大的影响。在施用除草剂时，要充分考虑这些环境因素的影响。

人们在应用除草剂的过程中，是不是按照药剂本身的特性和有关的施药技术进行施药，是不是结合了环境条件和烟草的生长状况等，都需要加以注意。

5.2.3　除草剂的使用方法

除草剂使用的基本原则：安全、高效、经济。安全是指对作物、人、畜、天敌、生态环境少污染或不污染，对保护的作物相对安全；高效指的是防除杂草、压低杂草生长密度效果显著；经济是指投入少，产出高。除草剂使用的基本要领：适类、适量、适时、适法。

（1）除草剂的适类使用　根据中国烟叶公司《2016 年度烟草上推荐使用的农药品种及安全使用方法》，推荐的除草剂品种主要包括：25％砜嘧磺隆水分散粒剂、50％敌草胺可湿性粉剂、50％敌草胺水分散粒剂、72％异丙甲草胺乳油、40％仲灵·异噁松乳油、50％仲灵·异噁松乳油、450g/L 二甲戊灵微囊悬浮剂、29％精喹禾灵·异噁草松乳油。

目前还没有"全能型"除草剂研制成功，每种除草剂都只能防除某一类的杂草。因此，根据烟田杂草生长的规律和种类，确定除草剂的使用品种，可以高效、快速地防除烟田杂草。例如，砜嘧磺隆对一年生杂草防除效果较好，而敌草胺对一年生禾本科杂草防除效果较好。

（2）除草剂的适量使用

① 使用剂量。单位面积上所用除草剂有效成分或商品制剂的数量称之为使用剂量，又叫施药剂量、用药剂量、使用量、施药量。一般面积的单位有公顷（ha）、亩、平方米（m^2）等，除草剂的计量单位有克（g）、千克（kg）、毫升（mL）、升（L）等。

② 使用次数。农药安全合理使用系列准则对除草剂常用药量、最高用药量、最多使用次数（每季作物）等有明确规定，同时《2016

年度烟草上推荐使用的农药品种及安全使用方法》中规定，所有烟草推荐除草剂都是一个生育期最多使用1次。

（3）除草剂的适时使用

① 施用时间。除草剂的使用对环境条件要求很严格，有些品种一年四季都能使用，而有些品种只能在特定的季节使用。同时，除草剂使用可分为三个阶段，包括苗床期、烟苗移栽前期、烟苗大田期。其中在苗床期主要使用敌草胺等土壤预处理的除草剂；在移栽前期可使用异丙甲草胺、敌草胺、仲灵·异噁松提前处理土表，杀死未萌发的杂草种子或刚发芽的杂草幼苗；移栽后的大田期，主要采用定向茎部喷雾的砜嘧磺隆、精喹禾灵·异噁草松等防除杂草。

② 施用天气。在刮风、下雨、起雾、干旱等天气恶劣的日子里不能施用除草剂，如在刮风天气施用除草剂，容易造成药滴飘散到烟叶上，导致烟叶穿孔或烟苗停止生长。

③ 除草剂的最佳施用时期。除草剂主要分为土壤处理剂和茎叶处理剂，根据不同的作用原理，选择合适的施用时期尤为关键。

a.土壤处理剂。土壤处理剂主要靠杂草的芽或根吸收，其施用时期为杂草萌发之前或萌发初期。

b.茎叶处理剂。茎叶处理剂主要是定向喷雾，一般在杂草已经萌发，但处于抗性较差的时期，一般禾本科杂草在1.5～3叶期，阔叶杂草在4～5叶期前对茎叶处理剂最敏感。

（4）除草剂的适法使用

① 施用方式。施用方式是指将除草剂送达目标场所的策略。一种施用方式可以由多种施用方法来实现，与施用方法相比，施用方式更加宏观。例如土壤处理剂可以采取喷雾或者毒土等方法。

② 施用方法。除草剂的施用方法有11种，包括喷雾法、毒土法、瓶甩法、施粒法、滴灌法、泼浇法、喷雨法、喷抹法、涂抹法、注射法、覆膜法，其中烟草上较为常见的是喷雾法、毒土法和覆膜法。喷雾法主要是通过喷雾器械将除草剂成品或稀释液分散成细小雾滴而沉积在目标场所（杂草或土壤）上；毒土法是将除草剂与泥土、细沙、肥料等载体拌混均匀，配置成毒土，然后撒施在田间；覆膜法是指在农用薄膜加工过程中添加除草剂制成除草农膜，在垄体上覆盖

后，除草剂可以从膜上析出，溶解在膜下的水滴中，最后落在土壤中形成药剂处理层，达到防除杂草的效果。

③ 施用方案。施用方案指的是将除草剂送达目标场所的具体计划。使用除草剂应制订详细的施用方案，一个有效的施用方案包括"除草剂的种类""除草剂的使用剂量、浓度和次数""除草剂的施用时间、施用时期""除草剂的施用方式、方法"四个方面的内容。

除草剂的施用要考虑气象环境条件，包括空气温度、空气湿度、太阳光照、降水和空气流通等。同时土壤的条件也至关重要，土壤环境包括土壤湿度、土壤温度、土壤有机质、土壤酸碱度和土壤微生物等因素。

5.2.4　除草剂的药害及补救措施

由于除草剂是对高等植物发生作用的化学物质，在对杂草进行控制的过程中，或多或少都会对烟草造成一定的伤害。加之除草剂的选择性非常重要，不同品种的除草剂理化特性、作用部位、作用原理等都有差异，特别是烟农在使用过程中，不太注意使用药剂的剂量和使用技术等，因此，在除草剂使用过程中容易产生药害，而且药害的症状也不同。烟株受除草剂伤害的主要表现：叶片畸形、黄化、白化等；有的呈黄花菜状、花叶状或鼠尾状；老叶片枯焦，新叶正常；生长停滞，幼苗皱缩，植株矮小，严重的可能出现死亡等。

（1）除草剂产生药害的原因

① 除草剂选择不当：除草剂品种选择不当，特别是将一些不适用于烟草的除草剂品种在烟草上使用。

② 除草剂混用不当：不同除草剂品种间，以及除草剂与杀虫剂、杀菌剂等其他农药混用不当，也易产生药害。

③ 过量使用或使用时期不当。

④ 雾滴挥发与飘移：对于易挥发的除草剂或者在大风天气使用除草剂，会引起除草剂雾滴飘移，对烟草产生药害。

⑤ 施药操作不标准：喷雾器清洗不净，特别是一些不适合烟草上使用的除草剂，在处理完别的作物后，应用到烟草上进行喷雾处理。

⑥ 土壤残留：除草剂残留药害，上茬除草剂的残留或者一些灭生性除草剂的残留，烟株接触到这些残留的除草剂，一方面伤根，造成次生根受损，另一方面根吸收后上传，造成整株特别是幼嫩的叶部出现畸形。

⑦ 外界环境：外界环境影响，特别是温度的影响。高温可以导致一些除草剂出现药害。

此外，使用除草剂的田块若为有机质含量低的沙质土壤，除草剂淋溶性和移动性大，烟株根部吸收后，会造成药害。整地质量差，也可造成药害。烟草小苗移栽烟田，膜下施用除草剂量过大时，不及时掏出烟苗等都易产生药害。

（2）预防除草剂药害的措施　要防止除草剂的药害，就需要认真掌握除草剂的使用技术，了解除草剂的基本特性，特别要注意不同的除草剂都有一定的作用对象、有效浓度、使用的方法等。在进行化学除草前，要认真阅读说明书，严格按照技术操作规程进行用药。同时要特别注意以下几个方面。

① 要准确选择除草剂的品种；

② 要严格掌握除草剂用量和浓度；

③ 要熟练掌握除草剂使用技术和操作要点；

④ 要均匀喷雾，有目标地喷雾，提高施药质量；

⑤ 不要随意将除草剂和其他杀虫剂或杀菌剂混合使用；

⑥ 喷洒完除草剂后要及时清洗喷雾用具。

（3）除草剂出现药害的补救措施　除草剂处理后，要认真观察烟草的长势，当烟草的生长出现异常时，要迅速确定是烟草的病害还是由于除草剂造成的药害，如果是除草剂造成的药害，要注意观察并分析药害的程度，当药害严重时，要改种其他作物或补种；如果药害症状一般，或者在烟草生长可以承受的范围内，可以考虑采用以下措施进行补救。

① 追施化肥以迅速恢复烟株生长。磷酸二氢钾对一些除草剂的药害有一定的缓解作用。

② 加强农事管理，灌水、排水、松土，以促进烟草的生长，加速除草剂的降解。

③ 使用草木灰或石灰或应用植物生长调节剂促进烟草生长。

④ 选择一些对除草剂有降解作用的药剂，这要根据除草剂的本身特性来决定，并有针对性地使用。

⑤ 可选择对烟草抗性有诱导作用的芸苔素内酯（比施壮）或氨基寡糖素、氨基酸营养液等，在药害发生后及时喷洒，对于解除或缓解除草剂的药害有重要作用，根据推荐剂量使用，并在喷洒后一周观察烟草的恢复情况，可根据情况再喷施一次，效果比较理想。

5.3　烟草不同生育期除草剂的精准施用技术方案

除草剂的精准施用应在确认识别杂草种类的基础上，充分获取目标的种类和时空差异，采取技术上可行、经济上有效的除草剂施用方案，仅在杂草危害区域进行按需定点喷施除草剂，达到防除杂草的目的。杂草与烟草生长距离很近，生长环境一样，因此除草剂的施用技术比其他类农药更复杂，施药要求更加严格。只有选择了合适的药剂、采用正确的施药方法、在有利的环境条件下，除草剂才能最大限度地发挥作用和保证对烟草的安全，也才能实现杂草防除的可持续性。

5.3.1　苗床期除草剂的精准施用方案

目前大部分烟区采用漂浮育苗技术，其育苗的基质已经过无毒处理，与传统育苗方式相比，漂浮育苗具有省工省事，烟苗根系发达、健壮整齐的特点。漂浮育苗一般杂草生长较少，可考虑不使用化学除草剂。

苗床期除草剂的精准施用技术仅适用于常规育苗环节。烟苗对多数除草剂较为敏感，因此应用于苗床的除草剂种类较少，除草剂多数对禾本科杂草的防除效果好，对阔叶类杂草防效较差。为了更有效地防除苗床期杂草，应选择往年杂草防治较好或草害较轻的田块作为苗床，以减少苗床土中的杂草种子量；同时苗床的床面土壤都要整细耙平，以便于喷施除草剂。

烟草苗床期发生的 10 多种杂草主要有马唐、香附子、鸭跖草、鳢肠、马齿苋、刺儿菜、铁苋、刺苋、一年蓬、狗牙草、荠菜、旱稗、艾蒿等。目前在苗床期使用的除草剂主要有敌草胺、异丙甲草胺、高效氟吡甲禾灵（高效盖草能）。具体的使用方案如下文介绍。

（1）苗床基础处理　苗床具有优越的光、温、水、肥条件，亦为杂草的滋生提供了良好的环境。苗床杂草具有出芽生长快的特点，极易造成"欺苗"现象。因此，要注意做好以下工作：

做好苗床基础处理，因各烟区的自然条件不同，做畦的形式各异。不论是平畦还是高畦，都应把畦面土壤耙细整平，以便施药。

漂浮育苗在温室大棚内进行，苗床的基础比较好，但也要进行整理，做到干净、平整。

（2）苗床焚烧　这是烟农普遍使用的苗床除草方法。在耙松的苗床上盖一层稻草或枯草，点火焚烧。此法可减少70%以上杂草发生量，同时还可增加苗床肥力，减少病虫害的发生。

（3）苗床熏蒸　威百亩（斯美地）熏蒸是目前烟草苗床防草的一重要措施。威百亩（斯美地）在烟草苗床上作为除草剂使用时，可以防治多种禾本科杂草和阔叶杂草，由于威百亩在土壤中分解成的异氰酸甲酯对根系有毒害作用，所以需在烟草播种前施药，待土壤中的药剂挥发完以后才能播种。用量为 $16.35 \sim 24.53 \mathrm{g/m}^2$，即35%威百亩 $50 \sim 75 \mathrm{mL/m}^2$，熏蒸 $4 \sim 6$ 天，效果比较理想。

（4）漂浮育苗　即将育苗盘悬浮在水中，而育苗的基质是经过无毒处理的一项育苗新技术。由于漂浮育苗技术彻底摆脱了传统育苗中烟苗对土壤的依赖，而是采用经过高温煅烧和高温蒸汽处理的人工配置基质，再加上苗床管理过程中的一些隔离手段，保证了苗床无草。

（5）化学除草

① 播前土壤处理。播种前 $7 \sim 10$ 天，可使用50%敌草胺可湿性粉剂，推荐用药量以 $100 \sim 133 \mathrm{g/}$ 亩为宜，且对烟草安全，杂草未出土时喷施效果较好。该药对烟田的禾本科杂草有理想防效，对一年生阔叶杂草也有一定防效。采用喷雾法将敌草胺均匀喷施在苗床土层表面，在育苗阶段，敌草胺仅施用1次。

② 播后苗前土壤处理。双苯酰草胺（草乃敌）为适合烟草苗床使用的选择性播后苗前土壤处理除草剂。详细说明参见5.3.2。

③ 茎叶处理。烟苗出土后，如果杂草生长到 2～4 叶期，采用茎叶喷雾法，将 10.8％高效氟吡甲禾灵乳油每亩 20～30mL 加水 30kg，作茎叶喷雾，对禾本科杂草防效在 95％以上，但对阔叶杂草效果差。这时要特别注意除草剂的选择，不能选择任何对烟苗有杀伤作用的药剂，也不能随意加大药剂的浓度和用量。

5.3.2　大田期除草剂的精准施用方案

除草剂精准施用，是指在识别杂草相关特征差异性基础上，确定除草剂的施用（喷雾）方案，采用喷雾控制器执行开闭的动作改变施药量，从而实现定点喷雾。大田期除草剂的使用可以有效地减轻杂草的危害，烟田的杂草防控主要采用喷雾器施药，除草剂的精准施用重点应该考虑除草剂的防除对象、除草剂的种类和浓度、除草剂的有效使用剂量和次数、除草剂的科学施用时间以及施用方法等（表 5-1）。

（1）推荐使用的除草剂种类　根据 2019 年度全国烟草植保信息网推荐使用的农药品种及安全使用方法，大田期杂草防除推荐除草剂种类有多种，其中包括移栽前土表喷雾：敌草胺（100～133g/亩）、异丙甲草胺（90～108g/亩）、仲灵·异噁松（70～80g/亩）、二甲戊灵微囊悬浮（63～67.5g/亩），80％异噁·异丙甲乳油。定向茎叶喷雾：砜嘧磺隆（1.25～1.5g/亩）、敌草胺（100～133g/亩）、精喹禾灵·异噁草松（14.5～20.3g/亩）。除草剂建议施用次数为 1 次。不建议使用灭生型除草剂（草甘膦）进行烟田杂草的防除。

表 5-1　烟草大田期除草剂的种类及使用技术

除草剂	防除对象	每亩有效使用剂量/g	每亩最高使用剂量/g	施用方法	施用次数	有效间隔期/d
25％砜嘧磺隆水分散粒剂	一年生杂草	1.25	1.5	苗后田间杂草在 3～4 叶期定向喷雾	1	15
50％敌草胺可湿性粉剂	一年生杂草	100	133	见注 *	1	15

除草剂	防除对象	每亩有效使用剂量/g	每亩最高使用剂量/g	施用方法	施用次数	有效间隔期/d
50%敌草胺水分散粒剂	一年生禾本科杂草及部分阔叶杂草	100	133	见注*	1	15
72%异丙甲草胺乳油	一年生杂草	90	108	移栽前土表喷雾	1	15
80%异噁·异丙甲乳油	一年生杂草	64	80	土壤喷雾	1	15
50%仲灵·异噁松乳油	一年生杂草	70	80	移栽前土表喷雾	1	15
450g/L 二甲戊灵微囊悬浮剂	一年生禾本科杂草和阔叶杂草	63	67.5	移栽前土表喷雾	1	15
29%精喹禾灵·异噁草松乳油	一年生杂草	14.5	20.3	定向茎叶喷雾	1	15

*杂草苗前除草剂。移栽前后1～3天施药。每亩兑水50～100kg，稀释倍数在1000倍以上，均匀喷雾土表，干燥无雨时应相应增加用水量。移栽后施药时注意使用防风罩，避免药液直接接触烟苗。

（2）除草剂施用方法　按照烟田杂草生长特点，在烟田防除杂草一般采用土壤处理法和茎叶处理法，另外除草膜也逐渐被用于烟田防治杂草。

① 土壤处理法

a.移栽前7～15d土壤处理。移栽前用除草剂处理土壤，烟田杂草移栽前土表处理一般采用喷雾法，在烟草移栽前将除草剂喷施在土壤表面。建议在移栽前7d左右，采用50%敌草胺可湿性粉剂（水分散粒剂）100～133g/亩兑水50kg，均匀喷施在起垄土层表面或垄间，保证垄体土壤含水量充足，如果含水量降低，可适当补充水分。或者采用异丙甲草胺（90～108g/亩）、仲灵·异噁松（70～80g/亩）、二甲戊灵微囊悬浮剂（63～67.5g/亩），在烟田移栽前用于土壤喷雾处理。

b.移栽后 15d 土壤处理。在烟草移栽后处理土壤，一般选择喷雾的方法将药剂喷洒在烟苗的空地上，虽然选择的药剂比较安全，但仍要注意，尽量不把药剂喷洒在烟苗上。建议施用 50%敌草胺可湿性粉剂（水分散粒剂）100～133g/亩，兑水 50kg，均匀喷施在垄间，喷雾器需组配定向喷雾的罩子，注意在天晴和无风天气施用，定向喷施，勿把药剂喷洒在烟苗上。

② 茎叶处理法。烟苗移栽后使用除草剂防除杂草是目前烟田杂草防除的主要措施之一，但不规范使用或者过量使用，都可能造成除草剂在土壤中的残留超标，从而对团棵期和旺长期烟叶产生药害。因此，遵循 2016 年中国烟叶公司烟草农药使用推荐意见，选用合适的除草剂，选择最佳的施药时间，选择合适的施药量，合理搭配使用农药，同时充分利用土壤墒情，可以有效提高除草效果。采用茎叶处理法防除烟田杂草是移栽后施用除草剂的主要方法之一，烟田杂草的茎叶处理法一般在移栽后使用，有时移栽前烟田长出杂草也会使用。将除草剂直接喷洒到生长着的杂草茎、叶上的方法称为茎叶处理法。使用这种方法时药剂不仅能接触杂草，也能接触到烟草，因而要求除草剂具有较高的选择性，以确保对烟草的安全。施药的方法一般为喷雾法。

a.烟苗移栽后 15～20 天，烟苗田间杂草 3～4 叶期，建议采用 25%砜嘧磺隆水分散粒剂 5～7g/亩（使用剂量），西南大学烟草植保团队组发现倍创（农药增效制剂）可以有效减少砜嘧磺隆的用量，并提高除草效果，推荐使用砜嘧磺隆（3.6g/亩）＋倍创（10g/亩），兑水 50kg，均匀喷雾在垄间杂草上，该使用方法对烟田的除草总防效可达 80.70%，能够在中耕除草之前很好控制烟田杂草的生长。

b.针对采用砜嘧磺隆除草后，烟田杂草抗性提高，无法彻底根除的情况，可替换使用 29%精喹禾灵·异噁草松乳油 50～70g/亩（使用剂量），兑水 50kg，均匀喷洒在杂草的茎和叶上，达到防除杂草的效果。喷药后 2h 降雨，药效影响不大，不必重喷。土壤干旱、杂草生长缓慢、叶片吸药少时，应适当增加用药量和用水量。为取得稳定的除草效果，应选择在下午 4 时阳光较弱、田间蒸发小时施药。

③ 除草膜的使用。除草膜是在生产制作地膜时将一些除草剂如

异丙甲草胺（都尔）等加入到地膜中，如精异丙甲草胺地膜、烯禾啶膜、高效氟吡甲禾灵膜等，使地膜除了具备物理防治作用以外，还能通过除草剂杀灭生长较弱的烟田杂草，对烟田多种杂草的控制效果良好。除草膜也是一种将除草剂和物理除草相结合的方法。

覆盖除草膜处理有两种情况，一是先种烟后盖膜，然后引烟出膜；二是先盖膜然后膜上打洞种烟苗。对于第二项覆盖处理技术，目前问题不多。但对于膜下烟栽培技术，需要注意该项栽培技术的关键是防止破膜掏苗前的"灼苗"，即烟苗还没有掏出的时候即被烧苗致死，或者是烟苗接触到药膜中毒而死。解决的办法是在气温回升过快时，务必在偏离苗体中心处用竹签等工具开 3～5 个小孔，预防气温过高时的温室效应。

④ 地膜覆盖化学除草应注意的问题

a. 盖膜前，畦或垄面要整细整平，土壤不能太干，喷药后不能破坏地面，立即盖好地膜，拉紧压实。不透风、不漏气。

b. 茎叶处理的除草剂不适用于地膜覆盖化学除草，要选用杀草谱广，对烟草安全的芽前土壤处理除草剂。

c. 喷洒药液要均匀，不漏喷、不重喷，需要药后混土的除草剂，一定要混土后再盖膜。

d. 及时检查，一旦发现因喷药不好，出现杂草，立即用土压在对应杂草生长处的地膜上面，抑制杂草生长。但必须在杂草幼小时进行处理才有效。

值得注意的是，由于烟草对一些除草剂较为敏感，除草剂的使用方法、使用时期和使用剂量要严格按照有关要求进行。应当注意防止烟草药害的发生。虽然一些除草剂本身具有一定的选择性，但这种选择性是相对的。同一除草剂在一定条件下，药效与药害可以转化。除草剂对烟草产生药害，除受药剂本身的选择性、环境气候条件等影响外，使用过量或误用、使用技术不当是主要的原因，因此提高除草剂的药效、防止药害的产生是烟田除草剂使用中必须注意的问题。

第 6 章

烟草生长与健康的精准调控技术

6.1 烟草生长调控的概念

烟草生长调控是指利用调节植物生长发育的物质对烟草的生长过程进行调控,使烟草能够健康生长。能够调控烟草生长过程的物质主要包括两类:一类是烟草自身产生的植物激素;另一类是人工合成的、具有植物激素活性的一类有机物质,它们在较低的浓度下即可对植物的生长发育表现出促进或抑制作用,这类物质就是我们通常所说的植物生长调节剂。

近年来,植物生长调节剂品种发展较快,迄今为止,植物生长调节剂在农业、林业、果树、蔬菜和花卉生产中得到了广泛的应用,已在插条生根、壮秆抗倒伏、改善品质、贮藏保鲜、促进成熟、防止脱落、诱导或打破休眠、性别转化、防除杂草等方面取得了可喜成果,并预示着更加广阔的应用前景。可用于调节植物生长的药剂已达500多种。各种调节功能虽然随药剂的不同而有所变化,但植物生长调节剂普遍都具备以下基本特性。

第一,调节剂对植物具有一定的生理活性。无论是刺激植物胚芽、根尖生长的生长素,还是抑制细胞分裂、控制植株徒长的抑制剂，都必须进入植株体内才能起调节作用，使植物体内的酶活动并相互联系起来，通过代谢到一定的部位起作用，以较小的剂量达到较高的调节功能。这不同于氮、磷、钾、硼、钙、镁、钼、铁等元素肥料，也不同于植物体内固有的糖、蛋白质、脂类、酶类、维生素等营养物质，但调节剂要发挥作用与营养元素有密切的关系。

第二，调节剂以调节植物生长为目的。在植物生长调节剂中，有些是除草剂，如 2,4-D、仲丁灵，二甲戊灵等；有些是杀虫剂，如甲萘威等，有些是杀菌剂，如甲基硫菌灵等。但是当这些药剂用于调节植物生长时，是按照调控作物生长的目的、使用时期、使用剂量和施药方法而进行的。当然，有的药剂使用的直接目的不是调节植物生长，而是在防病治虫的使用过程中对植物的生长有一定的刺激和调节作用。一般而言，植物生长调节剂用量较少，除草、杀虫和杀菌剂则用量较大。

第三，调节剂是一类人工合成的化合物。在植物体内，有一类植物激素是植物体在生命活动过程中的代谢产物，植物不同的器官组织可产生不同的激素，并向不同的部位转移，对生长发育起不同的调节作用。这类由植物体本身所产生的激素称为内源激素。而通过人工仿造植物激素的化学结构或者根据其性能化学合成的一类植物激素称为外源激素，这就是植物生长调节剂。也就是说，植物生长调节剂是由人工合成的，在植物体内具有生理活性的，以较小的剂量可起到较大调节效能的化合物。

植物生长调控是一门严格的应用技术，地区间、作物品种间会存在差异，所以在实际生产中应用时，要根据各地特点，先做好应用验证试验，再大面积推广应用。

6.2 植物生长调节剂的主要种类

从植物生长发育的角度考虑，植物生长调节剂按其生理效应划分为以下几类。需要注意的是这些种类的生长调节剂在应用到烟草上时，需要进行实验分析，根据烟草的生长状况和气候、土壤条件恰当地选用。

6.2.1 生长素类

主要生理作用是促进细胞伸长，促进发根，延迟或抑制离层的形成，促进未受精子房膨胀，形成单性结实，促进形成愈伤组织等。生长素类调节剂包括天然的生长素和人工合成的具有生长素活性的化学物质，主要包括吲哚丁酸（IBA）、萘乙酸（NAA）和吲哚乙酸（IAA）等。

6.2.2 赤霉素类（GA）

可以打破植物体某些器官的休眠，促进长日照植物开花，促进茎叶伸长生长，改变某些植物雌雄花比例，诱导单性结实，提高植物体内酶的活性等。赤霉素普遍存在于植物界中，迄今已发现的赤霉素（GA）达70多种，按发现的先后次序分别命名为 GA_1，GA_2，GA_3……。赤霉酸（GA_3）是赤霉素的一种，在烟草上已经得到广泛的应用，对烟草的生长有重要的调节作用。

6.2.3 细胞分裂素类

这类物质能促进细胞分裂，诱导离体组织芽的分化，抑制和延缓叶片组织衰老。目前，已发现十几种天然的细胞分裂素，广泛存在于高等植物中，包括玉米素、玉米素核苷等。人工合成的细胞分裂素有激动素、苄基腺嘌呤（BA）、四氢化吡喃基苄基腺嘌呤（PBA）等。

6.2.4 乙烯类

乙烯在常温下是气体。作为生长调节剂使用的是乙烯利。乙烯利在代谢过程中可释放出乙烯。高等植物的根、茎、叶、花、果实等在一定条件都会产生乙烯。乙烯有促进果实和叶片成熟，使烟草落黄，使贪青晚熟的烟叶尽快成熟，抑制细胞伸长生长，促进叶、花、果实脱落，诱导花芽分化，促进发生不定根的作用。乙烯利作为落黄剂在烟草上得到广泛应用，对于迟迟不能落黄或者采后成熟度不好的烟叶可采用乙烯利进行喷洒，以促进其成熟。

6.2.5 脱落酸类（ABA）

脱落酸（ABA）广泛存在于植物界中，也可人工合成，如矮壮素（CCC）、比久（B9）、青鲜素（MH）、整形素等。它能促进休眠，抑制萌发，阻滞植物生长，促进器官衰老、脱落和气孔关闭，在干旱时有抑制蒸腾作用的效果等。这一类植物生长调节剂的作用特点是促进离层形成，导致器官脱落，增强植物抗逆性。

脱落酸的另一个商品名叫 S-诱抗素，是最近几年发展起来的一类生长调控物质，在生产上应用可以起到促进植物抗性提升的作用。

6.2.6 芸苔素内酯类

芸苔素内酯为甾醇类植物激素。它是植物体本身具有的一种内源激素，世界上公认的第六类植物生长调节剂，学名油菜素内酯，具有高效、广谱、无毒等特性。它在很低浓度下，能明显地加快植物的营养体生长，促进受精作用。天然芸苔素（NBR）是油菜素内酯类（BR）物质，油菜素内酯类物质是一类生理活性很高的新型植物生长调节剂。目前，以芸苔素内酯为基本物质，已经生产出了不同商品名称的植物生长调节剂。以芸苔素内酯为基础生产出了云大120、比施壮等商品，在调控烟草的抵抗力，抗御病毒病发生和发展方面发挥了重要作用。

6.2.7 石油助长剂

石油助长剂是从石油和加工残渣等中提取的，主要有效成分是环烷酸钠或环烷酸钾（铵）以及具有刺激植物生长作用的石油物质等。在烟草上可以促进发芽和幼苗生长。

以上几大类植物生长调节剂的作用方式大致有四种：第一种是生长促进剂，如促进生长、生根用的萘乙酸，打破休眠用的赤霉素，防止衰老用的6-苄基氨基嘌呤素；第二种是生长抑制剂，如防止疯长的矮壮素等；第三种是可以诱导植物的免疫体系，而增强植物对病原菌的抵抗能力；第四种是促进落黄，通过平衡营养物质和促进一些化学物的合成和分解，让迟迟不能成熟的烟叶正常成熟或者加快成熟，这将有利于烟叶的及时和正常采收，并有助于烘烤出优质的烟叶。

6.3 烟草生长的药剂调控

植物生长调节剂在生产上的应用具有用量小、增产作用大、使用方便安全、投入少见效快等优点。在烟草生长的各个时期都可以采用植物生长调节剂进行调控。如苗期主要是生根、壮苗、控苗；移栽期是生根、壮苗、早生快发；旺长期是控旺、诱导抗病；成熟期是成熟度调控，前期延后落黄，中期正常落黄，后期加快落黄，实现充分成熟。

近年来，植物生长调节剂在烟草上得到广泛应用，某些生长调节剂的应用已成为烟草生产技术的一个重要组成部分。在提高烟草抗性和烟叶品质，促进烟草健康生长，预防病虫害、防除杂草等方面发挥着重要作用。此外，植物生长调节剂对烟草侧芽的生长和烟叶成分含量发挥着重要的调控作用。如对烟草侧芽的抑制作用，在烟草打顶后使用吲哚乙酸（IAA）和丙二酸均可以降低烟碱的含量，特别是IAA效果明显。主要的生长调节剂功能与作用见表6-1。

表 6-1 烟草可用的主要植物生长调节剂的功能与作用

主要作用	植物生长调节剂名称
促进发芽	赤霉素、萘乙酸、吲哚乙酸
促进生根	萘乙酸、吲哚乙酸、吲哚丁酸、2,4-滴
促进生长	赤霉素、增产灵、增产素、石油助长剂
促进成熟	乙烯利、乙二膦酸等
防止倒伏	马来酰肼、萘乙酸甲酯、丁酰肼、矮壮素等
打破顶端优势	乙烯利、马来酰肼、三碘苯甲酸
控制株型	矮壮素、助壮素、整形素、调节膦、多效唑
改善品质	乙烯利、赤霉素、增甘膦等
增强抗性	矮壮素、多效唑、脱落酸(S-诱抗素)、芸苔素内酯、马来酰肼
促进干燥	促叶黄、乙烯利、草甘膦、增甘膦等
抑制光呼吸	亚硫酸氢钠、2,3-环氧丙酸
抑制蒸腾	脱落酸、矮壮素、整形素
抑制侧芽生长	氟节胺、抑芽丹、仲丁灵、马来酰肼、二甲戊灵等

植物生长调节剂在农业生产上的作用多种多样，每一种生长调节剂在生理作用上有一定的活性，又有其特殊性，使用时还必须在一定的环境条件下，才能表现出它的显著作用与特殊效果，从而有利于作物克服不良环境条件的危害。因此，在烟草生产上，应找出影响烟草产量和品质的"病因"，对症使用，才能真正发挥其应有的作用。

2019年全国烟草植保信息网推荐了5种植物生长调节剂，其简明的使用技术要点见表6-2。

表6-2　烟草植物生长调节剂推荐品种的使用技术要点

序号	产品名称	防控对象	有效成分常用量	有效成分最高用量	施药方法	最多使用次数	安全间隔期/d
1	4%赤霉酸 GA$_3$ 水剂	调节生长，降碱提钾，开片增质	0.32g/亩	0.39g/亩	喷雾	1	10
2	0.136%赤·吲乙·芸苔可湿性粉	促进生长、诱导抗性	5000倍液	3500倍液	喷雾	1	10
3	0.01%芸苔素内酯可溶液剂	促进生长、诱导抗性、缓解药害	5000倍液	2500倍液	喷雾	2	10
4	0.1% S-诱抗素水剂	诱导抗性	3700倍液	2800倍液	喷雾	2	10
5	6%抗坏血酸水剂	促进生长、延缓衰老、抗病毒	2000倍液	1800倍液	喷雾	1	10

注：资料来源全国烟草病虫害测报一级站，烟草病虫信息，2019年第2期。

此外，应用一些对烟草生长有调控作用的药剂，对于提高烟草抗病、抗旱、抗涝、抗低温、抗高温等都有重要作用。但目前在这方面的应用实例还不够多。一些物质在叶面喷施后，可调节烟草的生长和抗逆能力，这涉及许多方面的知识，需要深入地探讨和分析，不能盲目随意应用。

6.4　烟草生长调控剂的使用要求

（1）施用浓度　植物生长调节剂对植物的生长发育具有促进和抑制双重效应。一般在一定低浓度范围内，表现出促进作用；而高浓度则会引起新陈代谢的紊乱、抑制生长，严重的还会导致死亡。因此，施用浓度是否适宜将直接影响调节剂的应用效果，必须根据使用目的灵活掌握。

（2）施用次数　通常情况下，植物生长调节剂在关键时期施用一次，就会有明显的效果，多次施用不但费工费药，而且效果不一定比施用一次好。但是，在使用植物生长延缓剂时，低浓度多次施用要比高浓度一次施用效果好，因为低浓度多次施用不仅可以保持连续的抑制效果，而且还能避免对植株产生毒副作用。

（3）施用时期　植物生长调节剂在适宜的时期施用，才能达到预期效果，而施用适宜期则应根据使用目的来确定。如促进烟草早发，宜选用促进剂在苗期施用；防止徒长，确保稳长，宜选用抑制剂在苗期施用；促进叶片发育、防止植株早衰和促进早熟，宜选用相应的生长调节剂在后期施用。同一生长调节剂在同一作物上使用，目的不同，施药时期也不同。如在甜瓜生产上使用乙烯利，用于控制花器性别，增加雌花，宜在幼苗 2 叶期施用；用于促进果实成熟，则宜在果实采收前 5～7 天施用；而要抑制烟草的侧芽生长，要选择打顶后立即使用。由于在不同时期，烟草生长发育的重点不同，应用生长调节剂，就可能产生不同的，甚至相反的效果。因此必须结合当地实际状况，先在本地试验后再应用。

（4）应用生长调节剂要与当地的生产情况相结合　同一种生长调节剂的作用与品种、气候、烟草长势等因素有关，也受产品质量、使用方法等因素的影响。因此，使用前必须总结本地经验，根据实际情况调整使用方法。

（5）必须与其他技术措施相结合　使用植物生长调节剂仅是烟草栽培管理的辅助手段，不能盲目孤立地依赖生长调节剂。管理不善、缺乏肥水，单靠生长调节剂就很难达到栽培优质烟草的目的。只有在加强综合栽培管理技术的基础上，生长调节剂才可收到较好的效果。要注意不能以药代肥。植物生长调节剂是生物体内的调节物质，使用植物生长调节剂不能代替肥水及其他农业措施。即便是促进型的调节剂，也必须有充足的肥水条件才能发挥作用。在干旱气候条件下，药液浓度应降低。反之，雨水充足时使用，应适当加大浓度。施药时间应掌握在上午 10 时以后、下午 4 时以前，施药后 4h 内遇雨要补施。

（6）**不能随意混用** 几种植物生长调节剂混用或与农药、化肥混合使用，虽可减少用工，发挥综合效益，但必须在充分了解混用之后是否会产生增强或抑制作用的基础上决定是否混用。

目前，市场上有名目繁多的植物生长调节剂，有的以肥料的形式出现，有的以生长调节剂的形式出现。各地在选用这些药剂时，一定要认真分析该药剂的特点，严格遵照使用说明，在使用过程中，不要随意和其他药剂混用，使用这些药剂后，也不要立即再使用其他药剂，以免对烟草造成伤害。

6.5 烟草上应用植物生长调节剂的主要技术

各类生长调节物质在烟草生长过程中的生理作用，大致可以分为促进和抑制两个方面。促进作用表现在促进烟苗的生长、发芽以及烟叶的催熟等。抑制作用表现在对烟草生长的抑制，特别是对侧芽生长和叶片成熟等方面。

现将在烟草各个生育期应用的植物生长调节剂技术介绍如下。

6.5.1 育苗期应用植物生长调节剂的主要技术

这个时期调控的是苗子的健壮和根系发达。使用的药剂为芸苔素内酯和烯效唑。

（1）**提高苗子的质量** 芸苔素内酯（比施壮）浸种可以提高种子发芽率 10% 以上，增强幼苗抗寒性，促进烟苗生长。苗期喷洒也可促进烟苗生长和提高抗性。浸种浓度为 0.01～0.05mg/kg，浸种 3h 左右。也可移栽后 20～50 天进行喷洒，浓度为 0.01mg/kg，每亩烟草喷洒 40kg 药液。

（2）促进壮苗和根系发育　烟苗使用多效唑与烯效唑，可降低烟苗高度，使茎粗壮，叶片较绿，光合效率增加，烟苗素质提高，抗逆性增强。处理方法是：在烟草幼苗 3 叶 1 心期，多效唑使用浓度 150～200mg/kg，烯效唑使用浓度 20mg/kg，每亩幼苗喷洒 60～80kg 药液。用药过量时，可根据情况喷洒赤霉素溶液解除药害。

6.5.2　移栽期应用植物生长调节剂的主要技术

移栽期主要是促进根系发育，实现早生快发和抗性提升。这个时期可以使用的抗性诱导剂包括氨基寡糖素和 S-诱抗素等。

① 在移栽后，采用氨基寡糖素 500 倍液对准烟苗均匀喷雾，重点是诱导烟草抗花叶病。

② 在烟苗移栽 2～3 天以及 15～20 天后，将 S-诱抗素稀释 1000～1500 倍，对叶面喷施一次；用药间隔期 15～20 天，可诱导烟草对干旱、高湿、苗子弱小的抵抗力。使用该产品时勿与碱性物质混用；植株弱小时，兑水量应取上限；喷施后 6h 遇雨补喷。

6.5.3　烟叶品质形成期应用植物生长调节剂的主要技术

在烟叶品质形成期，主要工作是扩大烟叶的面积，改善烟叶的色度和化学成分，提高烟碱的含量，从而增加中上等烟比例。这个时期应用的激素有三种：芸苔素内酯、水杨酸和赤霉酸。

① 在烟草团棵期以后，下午高温过后又有一定光照时，用浓度为 0.01mg/kg 的芸苔素内酯，每亩喷洒 50～75kg 药液，喷洒叶背面效果较好，可先喷下部叶，随收获依次向上喷洒。喷药时，加入浓度为 0.1％的硫酸锌，效果更好。

② 在烟草旺长到打顶期使用 5～10mg/L 的水杨酸溶液进行喷雾，可以系统性提升烟草对根茎病害和叶部病害的抵抗力。

③ 烟草上使用浓度为 15mg/kg 的赤霉素药液在团棵到旺长期喷洒叶面，相隔 5 天再喷一次。这可使烟叶面积增大，产量增加 15％～20％，中上等烟比例、烟叶色度无明显变化。经济效益增加 15％左右。

6.5.4 烟草成熟期应用植物生长调节剂的主要技术

乙烯利催熟烟叶可以在生长后期进行茎叶处理或采后处理。实验表明，应用乙烯利处理，能有效地促使烟叶转黄，一次烤的叶片数增多，减少了收烤烟叶的次数，烟叶收获结束期可提早1~3周。同时，烟叶现蕾期喷乙烯利，能抑制喷药部位以上的腋芽生长，而喷药部位以下的腋芽，于药后半个月左右则大量萌发。另外，使用乙烯利，还能加快烟叶失水，缩短烘烤时间，提高烤房利用率。

6.6　烟草的精准化学抑芽

6.6.1　使用烟草抑芽剂的意义

烟草生产是为了提供高品质、低毒害、高产量的优质烟叶。在生产过程中需要烟叶产量高、含烟碱量低、品质好、有利于烘烤等，才能为烟农和烟草企业带来较好的收益。这就需要对烟草的生长进行调控。烟草生产中，为提高烟叶的产量和质量，一般要打顶，以集中营养物质供应叶片的生长。烟株打顶之后，顶端优势消失，腋芽有强烈的再萌发特性。侧芽的大量生长，消耗大量的养分，影响了采收叶片的生长，降低了单位面积的产量。烟株的每1个叶腋可再生2~3个或更多的腋芽。如任其生长，会消耗大量养分，影响主茎叶片的生长和充实。所以，除在一定条件下酌留1~2个腋芽培育杈烟外，其他腋芽在萌芽后应及时抹掉，否则就会和不打顶一样，烟株中下部叶片不充实，分量小，油分少，弹性差，口感和香气都降低；上部叶片长得小而薄，导致产量降低，还会加重当年的虫害发生和病害侵染，为下年虫害的发生提供基础虫口数量。所以，在打顶后，彻底抹杈是保证产量和质量的一项重要措施。同时，养分的缺乏也延长了成熟期，使不能得到合理成熟度的高质量烟叶。因此，在打顶之后，需要进行侧芽生长的控制。用人工抹芽需4~6次，花工费时，很难彻底抹除，烟农劳动在高温酷暑条件下，对于身心健康很不利，而且人工抹芽又可能带来烟草病毒和细菌等的传播。因而推广化学药剂抑制烟草侧芽的生长具有重要意义，第一，可以降低劳动强度；第二，药剂抑芽比较彻底；第三，推广化学抑芽技术对于控制烟草赤星病、病毒病和空茎病的流行也有良好的作用。

6.6.2 烟草抑芽剂的主要类型及使用方法

（1）烟草抑芽剂的主要类型　根据抑芽剂的作用机理和对腋芽的影响，烟草抑芽剂主要分为三类，即触杀剂、内吸剂和局部内吸剂。但一般情况下，把使用的抑芽剂主要分为触杀型和内吸型两种。

从国内外的研究和生产应用看，抑芽丹（青鲜素、MH）、二甲戊灵（除芽通）、氟节胺（灭芽灵、抑芽敏）、仲丁灵（止芽素）、正癸醇、青鲜素＋氯化胆碱等都可以抑制烟草腋芽生长，提高烟草产量和品质。

① 触杀型抑芽剂。触杀型抑芽剂主要是利用嫩、老组织对其反应不同和腋芽对其特别敏感的特性发挥作用，它仅灼坏柔软多汁的幼嫩组织，对体内代谢影响很小，也没有残留和毒性。因为在体内不传导或传导能力很差，因而药效期较短（一般 7 天左右）。这类抑芽剂的优点是只对药剂接触部分起作用，而对叶片无影响，所以，施用触杀剂可允许早打顶而不必等到顶叶长到足够大。触杀剂的缺点是有效期短，若只用触杀型抑芽剂，则需要在整个生长季节使用 2～3 次，才能对腋芽起到彻底的抑制作用。

触杀型抑芽剂以脂肪醇类为主，代表品种为正癸醇等。

② 内吸型抑芽剂。内吸型抑芽剂是细胞分裂抑制剂，这类药剂对细胞的伸长、扩大没有影响。喷在叶面上时，很快被烟株吸收，输送到每个生长点，抑制分生组织的活动，达到抑芽的目的。它不能直接杀死腋芽，只要浓度和药量合适，对已展开的烟叶几乎无影响。其优点是药效较长，一般能达 20 天以上，施药浓度较高时，一次用药就可以抑制烟草腋芽至采收结束。作物吸收快，耐雨水冲刷。其主要缺点是会给烤后的烟叶带来某些不良影响，如填充力降低，烟碱下降，而平衡水和糖分高，吸湿性增强，烟叶不耐贮藏；残留物易在烟株体内积累，对人体健康有害，因而在采收前 7 天内不宜使用。

2016 年度国家推荐在烟草上使用的内吸型抑芽剂种类主要有：

马来酰肼（MH）的钾盐和胆碱盐。特别是马来酰肼的钾盐30.2%抑芽丹水剂。

③ 局部内吸剂。局部内吸剂兼有触杀和内吸两种作用。现在使用的大部分抑芽剂都是这一类型的。其原理主要是抑制腋芽生长点的细胞分裂。其优点是作用力强，施用一次全生育期不用抹芽，药物在叶片内残留量低，对人体健康影响不大。缺点是有难闻气味。施用该类药剂时应注意：该药剂原液毒性大，药剂与使用器皿要妥善保管；药液必须接触腋芽，才能有抑芽作用。

局部内吸剂的作用特点：

a. 接触兼局部内吸型高效烟草腋芽抑制剂，适合于各种烤烟及晾晒烟；

b. 在推荐时期施用一次，整个生长季节基本不用再抹杈，节约劳动成本；

c. 作用迅速，吸收快；

d. 提高产量质量，促进根系生长，促进中上部叶长宽、增厚；提高上、中等烟比例；

e. 只作用于侧芽，接触完全伸展的叶片基本不会产生药害。

局部内吸剂大都为二硝基苯胺类化合物。2016年度国家局推荐在烟草上使用的局部内吸性抑芽剂种类主要有：仲丁灵（止芽素）、氟节胺（抑芽敏、灭芽灵）、二甲戊灵（除芽通）等。

（2）烟草抑芽剂的使用方法　烟草抑芽剂的使用方法主要有杯淋法、笔抹法、定向喷淋法和顶部喷雾法等。

杯淋法：用杯等容器将配好的药液从烟株顶部向下浇淋，使药液沿主茎流下并浸湿所有腋芽。

笔抹法：用毛笔等工具蘸取配好的药液均匀涂抹烟株的每一个腋芽部位。

定向喷淋法：使用喷雾器或者压力瓶，直接定向喷淋烟株顶部，使下流药液逐一浸湿每个腋芽，但每喷淋完一株后必须关闭喷雾器开关，到下一株时再打开开关。

顶部喷雾法：有些抑芽剂如内吸性抑芽剂抑芽丹则直接用喷雾器将配好的药液喷在烟株顶部叶片上。

6.6.3　烟草的主要抑芽剂品种及其精准施用技术

（1）**氟节胺（抑芽敏）**　二硝基苯胺类植物生长调节剂，为接触兼局部内吸性植物生长延缓剂。被植物吸收快，作用迅速，主要影响植物体内酶系统功能，增加叶绿素与蛋白质含量。抑制烟草侧芽生长，施药后 2h，无雨即可见效。

① 应用时期。氟节胺用于烟草抑制腋芽的发生，应在花蕾生长期至始花期人工打顶并抹去大于 2.5cm 的腋芽，24h 内用抑芽敏喷雾杯淋或笔涂，可控制全生育期腋芽的发生。应掌握在烟草植株上部花蕾伸长期至始花期进行人工打顶（摘除顶芽），打顶后 24h 内均可施药，通常是打顶后随即施药。

② 施药方式。可采用喷雾法、杯淋法或涂抹法，国内烟农为集中用药，经常采用杯淋法或笔涂法。每株用稀释药液 15mL 为宜，12.5% 和 25% 氟节胺常用量均为稀释 400 倍，顺主茎淋下，简便快速。也可用毛笔蘸取药液涂抹各侧芽，省药但花工较多。也可应用抑芽剪，在剪除顶芽的同时，药液顺主茎流下，使打顶和施药一次完成，更为简易省工。喷雾每亩用 25% 氟节胺 60mL，加水稀释 500 倍喷施在顶叶上即可。杯淋法每株用稀释液 15mL（500 倍液）顺烟茎淋下，此方法迅速简便。涂抹法用毛笔或棉球将稀释液涂在腋芽上。

③ 使用浓度

a. 在低肥力田用 12.5% 氟节胺 400 倍液或每 100L 水加 12.5% 氟节胺 250mL（有效浓度 312.5mg/L）；

b. 中等肥力田用 12.5% 氟节胺 350 倍液或每 100L 水加 12.5% 氟节胺 285mL（有效浓度 357mg/L）；

c. 高肥力田用 12.5% 氟节胺 300 倍液或每 100L 水加 12.5% 氟节胺 333mL（有效浓度 417mg/L）。

12.5% 抑芽敏用 100 倍液或每 100L 水加 12.5% 抑芽敏 1000mL（有效浓度 1.25g/L）时效果最佳，但成本偏高，低于 600 倍液或每 100L 水加 12.5% 抑芽敏 167mL（有效浓度 208mg/L）有时不能抑制生长旺盛的高位侧芽。在山东、湖北等烟区，使用 500 倍液也可获得良好的效果。

④ 注意事项

a.氟节胺药液对 2.5cm 以上的侧芽效果不好，不能杀死，施药时应先人工去除。

b.氟节胺对鱼类有毒，应避免其药液流入水塘、湖泊、河流中；对人、畜的眼、口、鼻及皮有刺激作用，对金属有轻度腐蚀作用，应注意避免直接接触。

c.氟节胺不可与其他农药混用。

d.氟节胺对人体每日允许摄入量（ADI）是 0.00075mg/kg，汽巴-嘉基公司推荐在烟叶中的最大残留允许量为 20mg/kg。

（2）仲丁灵（止芽素） 为触杀兼局部内吸性抑芽剂，属于低毒性的二硝基苯胺类烟草抑芽剂，对抑制腋芽的生长效力高，药效快。在施药后 2h 内不下雨其药效便可发挥。仲丁灵还可作为除草剂使用。

① 施药时期。应掌握在烟草植株上部花蕾伸长期至始花期进行人工打顶（摘除顶芽），通常是打顶后随即施药。打顶后各叶腋的侧芽大量发生，即使使用了抑芽剂，一般也要进行人工打侧芽 2～3 次，以免消耗养分，影响烟草产量和质量。

② 施药方法。烟草田中只能采用杯淋法或涂抹法进行施药，不能进行喷雾。用杯淋法或涂抹法施药时，每亩用 36% 的仲丁灵乳油 200mL，加水 20kg，在烟株中心花开打顶后 24h 内用药。施药前将长度在 2.5cm 以上的腋芽全部抹去，每烟株用 15～20mL 稀释液顺烟株主茎淋下或用毛笔、棉球等将稀释液涂在每个腋芽上。在整个烟草生长季节只需施用 1 次，施药操作应在晴天进行。

③ 注意事项

a.该药剂既可作为除草剂使用，也可以作为烟草的抑芽剂使用，要根据不同的用途选择不同的用药方法。如在防除菟丝子时，喷雾要均匀周到，使缠绕的菟丝子都能接触到药剂。

b.作烟草抑芽剂使用时，不宜在植株太湿、气温过高、风速太大时使用。

c.避免药液与烟草叶片直接接触。

d.已经被抑制的腋芽不要人工摘除，避免再生新腋芽。

e.止芽素药液对 2.5cm 以上的侧芽效果不好，施药时应提前打去。

f.止芽素不可与其他农药混用。

（3）马来酰肼（MH） 选择性除草剂和暂时性植物生长抑制剂。不但抑芽效果好，而且施药方法简单，曾一度在美国和加拿大得到广泛应用。但从卷烟生产角度来看，马来酰肼（MH）给烤后的烟叶带来了某些不良的影响；目前生产上应用的主要是马来酰肼（MH）钾盐和胆碱盐。

马来酰肼（MH）钾盐，其通用名称为抑芽丹，是烟草上常用的一种侧芽抑制剂。

① 施药时期。应掌握在烟草植株上部分花蕾伸长，烟田多数烟株第一朵中心花开放，顶叶大于 20cm 时打顶，人工打顶（摘除顶芽），打顶后 24h 内施药。

② 使用技术。抑芽丹的使用方法与其他抑芽剂不同，由于它是内吸性药剂，故采用叶面喷雾施药。在烟株打顶后喷第一次药，使用浓度 500～2500mg/kg，即用 25％抑芽丹水剂 0.1～0.5kg，加 15～20℃温水 49.5kg，并加入 0.2％洗衣粉搅拌均匀，每公顷用 750～800kg 药液。喷药时沿茎喷雾，重点喷在侧芽着生处，以湿为度。烟草摘心后 10 天左右，在腋芽长出或长于 2cm 前，进行第二次喷药，使用 2000～2500mg/kg 浓度的抑芽丹药液，每株烟草用药液 10～20mL，喷洒上部 5～6 片叶。用抑芽丹处理后，抑芽率可达 98％。

③ 注意事项

a.使用时期过早将稍微抑制顶叶生长，在有条件的地方可打顶后先人工抹芽 1 次，封顶 2 星期左右视顶叶生长情况再使用内吸型抑芽剂抑芽丹。

b.在烟田的推荐常用量为 25％抑芽丹水剂（灭芽清）稀释 70 倍或 30.2％抑芽丹水剂（奇净）稀释 50 倍，对烟草叶面进行喷雾处理，可只将药液喷洒至烟株上部 1/3～1/2 处叶片。喷施前应混合搅拌均匀。

c.喷药时间在晴天下午效果最佳，避免在下雨前喷雾，如果施药后 6h 降雨，要重新进行喷施。气温超过 37℃或低于－10℃不宜施药。上午施用要等烟叶上露水干后方可施药。最好在阴天但不下雨的中午施用。晴天施用应在阳光辐射不强的下午进行，曝晒施药效果不理想。清晨、雨后或土壤灌溉后喷药效果最好。

d. 施药浓度高时1次施药可抑制烟株腋芽至采收结束不再生长，在施药后烟叶容易出现假熟现象，叶片提前落黄，宜等到叶脉变白时再采收。

e. 抑芽丹对2.0cm以上的侧芽效果不好，施药时应提前打去。另外，抑芽丹抑制细胞分裂，而不影响细胞延长，在烟草叶片尚小而细胞尚未达到应有的数量时，不宜应用抑芽丹抑芽。

f. 由于该药残留高，目前已被限用。禁止使用喷除草剂的喷雾器喷雾抑芽剂，与杀虫剂、杀菌剂混用需先做试验，不可轻易与其他农药混用。

g. 白肋烟上禁用抑芽丹。

（4）二甲戊灵（除芽通）　属于苯胺类除草剂，本身是广泛应用于棉花、玉米、水稻、马铃薯、大豆、花生、烟草以及蔬菜田的选择性土壤封闭除草剂。同时也是一种局部内吸触杀型抑芽剂，通过幼芽、幼茎、幼根吸收，抑制生长点的细胞分裂，达到高效抑制烟草腋芽生长的作用。

① 施药时间。于烟草植株上部花蕾生长至第一朵花开放时打顶，并摘除所有长于2cm的腋芽，打顶后6h内施药，通常是打顶后随即施药。

② 使用技术。用33％二甲戊灵80～100倍液（有效浓度4125～3300mg/L）。若使用更高稀释倍数如100～200倍（有效浓度3300～1650mg/L）或添加活性剂，应以当地专家推荐为准。

二甲戊灵施用方法灵活多样，可进行杯淋、笔抹、定向喷淋。推荐使用浓度为80～100倍稀释液，即将10～12mL二甲戊灵加入1L水中均匀混合，配成标准药液，作为植物生长调节剂。剂量为10mg/株，每亩用33％二甲戊灵乳油150mL，稀释300～400倍，采用喷雾法、杯淋法或涂抹法均可。每株用稀释药液15mL为宜，顺主茎淋下，简便快速。

a. 杯淋法。将倾斜植株扶直，用杯子等容器将15～20mL标准药液从每株烟草顶部浇淋，使药液沿主茎流下并浸湿所有腋芽。

b. 使用施药器 93-Ⅰ、Ⅱ型。使用云南曲靖市烟草公司研制并获国家专利的 93-Ⅰ、Ⅱ型施药器。该施药器由塑料制成，标有容量刻度，最大容量 500mL，瓶口内有一个 5mL 小量杯。用量杯量取二甲戊灵药液倒入瓶内，按使用稀释倍数加水至刻度即可。施药时，只需把施药口对准叶腋，用手轻轻挤压药液便定量滴到叶腋上，一松手药液便停止外流。

c. 笔抹法。用毛笔等蘸取标准药液均匀涂抹每个叶腋。

d. 定向喷淋法。使用喷雾器，直接定向喷淋烟株顶部，使下流药液逐一浸湿每个腋芽。

③ 注意事项

a. 作为除草剂使用，施药后土表干旱会影响药效。进行土壤处理时应先施药，后浇水，这样既可以提高药效又可以增加土壤对药剂的吸附，减轻药害。

b. 施用二甲戊灵时应避免种子或作物生长点与药层直接接触。当烟草田中用于打顶时无论采用何种施药方法，都必须使药液与每一个腋芽接触。应特别注意避免二甲戊灵药液与幼嫩烟叶直接接触。

c. 二甲戊灵防除单子叶杂草的效果比双子叶杂草好，且对二叶期内的一年生禾本科杂草和阔叶杂草防效较好，超过二叶期效果就差，对多年生杂草无效。

d. 二甲戊灵药液对 2.5cm 以上的侧芽效果不好，不能杀死，施药时提前打去。

e. 对鱼类有毒，防止污染水源。

f. 二甲戊灵不可与其他农药混用。

（5）甲戊·烯效唑　甲戊·烯效唑由二甲戊灵与烯效唑复配而成，产品为 30% 乳油，用于抑制烟草腋芽生长，用制剂 160～200 倍液，每株杯淋 20～30mL，生育期内使用 1 次，安全间隔期为 7～10d。

使用该复配产品从抑芽效果上主要是发挥二甲戊灵的作用，因此和单用的效果相当；增加烯效唑后可以控制营养生长，抑制细胞伸长，缩短节间，矮化植株，增进抗逆性的作用。

6.6.4　化学抑芽的精准施用技术方案

（1）化学抑芽剂的选择　　目前在烟草抑芽剂的选择与应用中，广泛使用的抑芽剂主要包括氟节胺、仲丁灵、二甲戊灵、抑芽丹等，几种抑芽剂均可抑制烟草全生育期腋芽的发生。但具体抑芽剂的选用应以当地的烟叶公司以及专家推荐的为准。2019 年全国烟草植保信息网推荐了 16 种抑芽剂（含不同含量的相同药剂），其简明的使用技术要点见表 6-3。

表 6-3　烟草抑芽剂的主要品种及使用技术要点

序号	产品名称	防控对象	有效成分常用量	有效成分最高用量	施药方法	最多使用次数	安全间隔期/d
1	12％氟节胺水乳剂	腋芽	12.5mg/株	14mg/株	杯淋	1	10
2	330g/L 二甲戊灵乳油	腋芽	100 倍液	80 倍液	杯淋	1	10
3	360g/L 仲丁灵乳油	腋芽	100 倍液	80 倍液	杯淋	1	10
4	30.2％抑芽丹水剂	腋芽	50 倍液	40 倍液	茎叶喷雾	1	10
5	30％甲戊·烯效唑乳油	腋芽	200 倍液	160 倍液	杯淋	1	10
6	30％甲戊·烯效唑微囊悬浮-水乳剂	腋芽	200 倍液	160 倍液	杯淋	1	10
7	35％二甲戊灵·氟节胺乳油	腋芽	300 倍液	240 倍液	杯淋	1	10

注：氟节胺有多种剂型，使用量基本相同，各地可根据说明书使用。

（2）施用方法与剂量　　根据当地生产实际情况，选择合适的抑芽剂与打顶方式，打顶后随即施药，为了保证每株定点定量精准施用，可选用带有刻度的类似于注射器的装置，在打顶后的伤口处精准点滴一定量的抑芽剂。

① 33％二甲戊灵 80～100 倍液（使用一次），每株使用药液 15～

20mL；

② 12.5％氟节胺 250～300 倍液或者 25％氟节胺 300～350 倍液进行杯淋，一个生育期可使用两次，每次每株使用药液 15～20mL；

③ 36％仲丁灵乳油 80～100 倍液进行杯淋，一个生育期可使用两次；每次每株使用药液 15～20mL；

④ 30.2％抑芽丹水剂 40～50 倍液，每亩用兑好的药液 25～30kg，人工打顶（摘除顶芽），打顶后 24h 内施药，对准上部烟叶进行茎叶喷雾，每株使用药液 20～25mL。

以上抑芽剂的安全间隔期为 7～10 天。

（3）使用抑芽剂需要注意的问题

① 使用时要认真掌握抑芽剂的使用技术。应注意适宜的浓度和合适的用药时间，以便起到良好的效果，同时对烟草的副作用降到最低。

在使用烟草抑芽剂时，要认真阅读使用说明书，明确所使用的抑芽剂是触杀剂还是内吸剂，对于触杀型的烟草抑芽剂，必须使每一个侧芽接触药剂才会产生抑芽效果，因此，施药时必须使药液与每一个腋芽接触。

由于露珠或下大雨后使烟草叶片太湿，或当气温过高时（中午期间），不要施用抑芽剂，以免造成浪费。

要避免抑芽剂药液与幼嫩烟叶直接接触；如果是使用如抑芽丹类喷雾型抑芽剂则应使药液均匀地喷在顶叶。

② 应注意内吸剂和触杀剂的结合使用。如美国推行的触杀剂和内吸剂相结合的组合使用法，即施用两次触杀剂、一次内吸剂。具体做法是：在早蕾期到晚蕾期喷两次触杀剂，第一次在早蕾期（腋芽小于 2.5cm）喷施；隔 4～6 天喷施第二次；在喷第二次触杀剂后 7～10 天再喷施马来酰肼（MH）。这样利用触杀剂杀死打顶后出现的烟芽，再利用 MH 来抑制烟杈的产生，可以取得较好的抑芽效果。

③ 不要认为施用了抑芽剂后就完全可以不用再进行人工抹杈。要结合气候条件及烟株长势等实际情况灵活掌握，必要时仍需进行人工抹杈。

④ 要注意评价抑芽剂的长期效果。不要认为使用抑芽剂不保险，

不如使用手工抹杈安全可靠，特别是在使用抑芽剂后烟株又长出新腋芽时。实际上，使用抑芽剂一段时间后又长出新腋芽，并不能说明抑芽剂效果不好，新长出的基本上都是畸形芽，消耗的营养物质已很少；同时，使用抑芽剂后对烟叶产量的提高和品质的改善是很有好处的，但却不易被人们所注意。

⑤ 不要认为使用抑芽剂像使用杀虫剂一样浓度越高越好。事实是，目前我们使用的抑芽剂大都属于植物生长调节剂类，浓度过高，不仅效果不理想，还易导致药害的产生。因此，必须根据选用的抑芽剂品种，严格按照推荐剂量并配合恰当的用药方法，才能达到采用化学抑芽剂进行侧芽抑制的目的。

⑥ 使用抑芽剂一般不要和其他化学农药混用。包括杀菌剂，否则会影响到药剂的吸收转运以及烟草细胞对抑芽剂的响应。

6.7 主要的烟草抗逆调控剂及使用技术

6.7.1 超敏蛋白

超敏蛋白其他名称为康壮素，是一种新型、安全、高效的植物免疫诱抗剂。它是一种来源于微生物的天然蛋白，区别于传统农药、肥料、杀菌剂的作用机制，它能够通过植物受体的信号传导，激活植物细胞内的信号物质，激发和提升植物共有功能机制和潜能（生长发育、系统抗性、自我修复、营养输送）的高效表达，可提高植株自身的病害防御能力和生长能力，减少杀菌剂和肥料的施用量。

（1）使用方法　每亩用 3% 超敏蛋白微粒剂 $15g$ 兑水 $20kg$，于烟草苗期或移栽后，每隔 $15\sim20$ 天使用一次，共 $3\sim5$ 次。

（2）注意事项

① 康壮素对氯气敏感，请勿用新鲜自来水配制。需用静置后的清水配制。

② 不能与强酸（pH<5），强碱（pH>10）以及强氧化剂，离子态药、肥混用。

③ 启封后的药应在 24h 内使用，与水混合后应在 4h 内使用。喷

施 30min 后遇雨不再重喷。

④ 避免在强紫外线时段喷施。

6.7.2　芸苔素内酯

芸苔素内酯是一种新型绿色环保植物生长调节剂。使用适宜浓度芸苔素内酯浸种和喷施茎叶，可以促进作物生长，改善品质，提高产量，使色泽艳丽、叶片更厚实。同时还能提高作物的抗旱、抗寒能力，缓解作物遭受病虫害、药害、肥害、冻害的症状。

（1）使用方法　用 0.02% 浓度，在移栽后 10～15 天喷第一次，团棵期再喷施第二次。病毒病发生区可在旺长期再喷施一次，使用后植株高大粗壮，叶片长度、厚度明显增加，能够提高烤烟产量与质量。

（2）注意事项

① 芸苔素内酯活性较高，使用时要正确配制浓度，防止浓度过高引起药害。

② 不能与碱性农药混用，以免分解失效。

③ 本剂用后要加强肥水管理，充分发挥作物增产潜力。

④ 使用芸苔素内酯时，应按兑水量的 0.01% 加入表面活性剂，以便药物进入植物体内。

⑤ 使用过程中，要注意保护。如药剂溅到皮肤上，应用肥皂水冲洗，如药剂溅入眼内，应用大量清水冲洗；如误食请送医院诊治。

⑥ 要贮存于阴冷、干燥处，远离食物、饲料和儿童。

⑦ 处理废药液及容器时，注意不要污染水源。

6.7.3　壳聚糖

壳聚糖又称脱乙酰甲壳素，是由自然界广泛存在的几丁质经过脱乙酰作用得到的，是一种天然高分子材料，具有多种用途。在农业上，壳聚糖既能用于植物杀虫、抗病，又能分解土壤中动植物残体及微量金属元素，从而转化为植物的营养素，增强植物免疫力，促进植物的健康。

（1）使用方法　用于种子浸种采用 0.01%～0.5% 的壳聚糖，

播种前均匀喷洒于种子表面；生长期叶面可采用 $100\sim500\mu g/mL$ 的壳聚糖进行喷施，可提高植物的抗病性，促进植物生长。

（2）注意事项

① 储存于紧闭密封的容器中，于阴凉、干燥、通风良好的区域，远离不相容的物质。

② 不能与碱性农药混用。

③ 本剂用后要加强肥水管理，充分发挥作物增产潜力。

6.7.4　氨基寡糖素

氨基寡糖素也称为农业专用壳寡糖，是根据植物的生长需要，采用独特的生物技术生产而成，分为固态和液态两种类型。壳寡糖本身含有丰富的 C、N，可被微生物分解利用并作为植物生长的养分，应用后可增强作物的抵抗力，对一些病害有一定的抑制作用。

（1）使用方法　移栽期灌根，用 0.5％氨基寡糖素水剂 400～600 倍液灌根，每株 200～250mL，间隔 7～10 天，连用 2～3 次；团棵到旺长期喷雾，用 0.5％氨基寡糖素水剂 600～800 倍液，均匀喷于茎叶上，间隔 7 天左右，连用 2～3 次，可促进烟株生长发育，防治叶部病害。

（2）注意事项

① 避免与碱性农药混用，可与其他杀菌剂、叶面肥、杀虫剂等混合使用。

② 喷雾 6h 内遇雨需补喷。

③ 用时勿任意改变稀释倍数，若有沉淀，使用前摇匀即可，不影响使用效果。

④ 为防止和延缓抗药性，应与其他有关防病药剂交替使用。

⑤ 不能在太阳下曝晒，于上午 10 点前，下午 4 点后叶面喷施。

⑥ 宜从苗期开始使用，防病效果更好。

⑦ 一般作物安全间隔期为 3～7 天，每季作物最多使用 3 次。

6.7.5　S-诱抗素

S-诱抗素（S-ABA）是工业化生产的天然脱落酸，是一种植物的生长平衡因子，是所有绿色植物均含有的纯天然产物，对光敏感，属强光分解化合物。对植物生长有一定的调节作用，同时对植物有抗性诱导作用。

（1）**使用方法**　在出苗后 3～5 叶期，将 0.1% S-诱抗素水剂用水稀释 1500～2000 倍，苗床喷施，提高抗病性；在移栽后 2～3 天以及移栽后 10～15 天，将本品用水稀释 1000～1500 倍，各对叶面喷施一次，提高抗性，促进早生快发；整个生育期内，均可根据烟草长势，用水稀释 1000～1500 倍后进行叶面喷施，用药间隔期 15～20 天。

（2）**注意事项**

① 避免与碱性农药混用，可与其他杀菌剂、叶面肥、杀虫剂等混合使用。

② 喷雾 6h 内遇雨需补喷。

③ S-诱抗素也是一种较强的生长抑制剂，可抑制整株植物或离体器官的生长。用时勿任意改变稀释倍数，烟苗弱小时，应减少用量。

④ 不能在太阳下曝晒，于上午 10 点前，下午 4 点后叶面喷施。

⑤ 宜从苗期开始使用，诱导抗病效果更好。

第 7 章

烟草施药器械的精准使用

7.1 农药使用方法的优化与精准施用

7.1.1 传统的农药使用方法及技术

农药剂型不同，种类不同，防治对象不同，施药方法也不尽相同。常用的施药方法主要有喷雾法、喷粉法、熏蒸法、毒饵法、施粒法、种子处理法、土壤处理法、覆膜施药法等 10 多种。在烟草生产上，常用的施药方法主要是喷雾法、喷淋法、毒饵法、穴施法、熏蒸法、土壤处理法、牙签带毒法、种子包衣处理法、蘸根法、涂抹法和杯淋法等。

（1）喷洒法 是指将农药制剂加入一定量的水混合调制后成均匀的乳状液、溶液和悬浮液等，利用喷雾器使药液形成微小的雾滴，然后借助压力将药液喷洒到靶标对象上的一种施药方法。

① 喷雾法：最为主要的一种喷洒方法，适用于乳油、胶悬剂、可湿性粉剂、水剂和可溶粉剂等。喷雾质量的好坏与农药的乳化情况、喷雾器的质量、压力的大小等有密切的关系。喷雾雾滴的大小，随喷雾水压的强弱、喷头孔径的大小和形状、涡流室大小而定。通常水压愈大、喷头孔径愈小、涡流室愈小，则雾化出来的雾滴直径愈

小。雾滴覆盖密度愈大且由于乳油、胶悬剂、可湿性粉剂、水剂和可溶粉剂等的展着性、黏着性比粉剂好，不易被雨水冲刷，持效期长，与烟草病虫草害接触的药量大、机会增多，其防治效果也会愈好。20世纪50年代前，主要采用大容量喷雾每亩每次喷药液量大于50L，但近10年来喷雾技术有了很大的发展，特别是超低容量喷雾技术在农业生产上得到推广应用后，喷药液量便向低容量趋势发展，每亩每次喷施药液量只有0.1~2L。目前，发达国家主要采用小容量喷雾方法。因其用药液量少，省时，机械动力消耗少，工效高，防治效果好，经济效益高，需要引进并加以推广。

② 喷淋法：在喷雾法中，如果去掉喷头，借助于喷雾器，将药液对准要喷施的部位进行较大药量的药剂喷施，此种方法称为喷淋法。喷淋法比喷雾法更有针对性，可对关键部位加大药量。如防治根茎病害时，对准烟株茎基部施药，方便、精准，而且也有利于一些剂型药剂的喷施，在生产上也曾普遍应用。

③ 灌根法：广泛用于防治烟草根茎病害的一类行之有效的方法。比如由于烟草黑胫病菌侵染烟草的部位主要是其茎基部，通过试验证实在烟草黑胫病发病前期，使用甲霜·锰锌800倍液对准烟草茎基部灌根，可以很好地控制黑胫病的发生。另外，在防治蚜虫时，为了追求比较稳定且长期的防治效果，往往采用吡虫啉进行灌根处理。

（2）毒饵法、食诱法

① 毒饵法是利用害虫、害鼠喜食的饵料与农药拌和而成，诱其取食，以达到毒杀的目的。麦麸、米糠、玉米屑、豆饼、青草、树叶和新鲜蔬菜等都可以作为毒饵的原料。主要用于防治为害烟草幼苗期等的地下害虫，如小地老虎、蝼蛄、金针虫等。不管用哪一种作饵料，都要磨细切碎，最好把这些饵料炒至能发出焦香味，然后再拌和农药制成毒饵（鼠类和家蝇的饵料中最好还要加些香油或糖等），这样可以更好地诱杀害虫等。近年来有些新农药，可直接作拌种或在土壤中撒施毒土，都能有效地防治一些地下害虫。

② 食诱法。采用一些害虫特别喜好的植物材料作为饵料，来诱集一些鳞翅目害虫的成虫，最后再集中杀灭，这种方法又叫食诱法。食诱技术是利用昆虫成虫通过植物挥发物选择定位寄主的这一生物学

特性来研发的集中诱杀技术。在农业上已经成功应用食诱技术诱集杀灭棉花害虫，烟草上也可采用食诱技术控制斜纹夜蛾等鳞翅目害虫。

（3）施粒法、穴施法

① 施粒法是抛撒颗粒状农药的施药方法，如施用防治烟草根结线虫的阿维菌素颗粒剂等。粒剂的颗粒粗大，撒施时受气流影响很小，容易落地而且基本上不发生漂移现象，特别适用于地面、小田和土壤施药。撒施可采用多种方法，如徒手抛撒（低毒药剂）、人力操作的撒粒器抛撒、机动撒粒机抛撒、土壤施粒机施药等。

② 穴施法是指在株行距较大的烟草的株间或行间开穴施入药剂，或者在已经刨开的用于栽种烟苗的穴内施入药剂的方法。此法用药少，损失少，但费工。

（4）熏蒸法　熏蒸法是利用药剂产生有毒的气体，在密闭的条件下用来防治烟草病虫草害的方法。如用威百亩熏蒸烟草苗床，其扩散能力强，杀草谱广，对多种杂草的种子、幼芽具有强烈的杀灭效果，同时具有防病防虫的作用。也可在大田使用。

（5）土壤处理法　土壤处理法是用药剂撒在土面，随后翻耕入土，或用药剂在烟株根部开沟撒施或灌浇，以杀死或抑制土壤中的病虫害。这种方法多在作物播种前或幼苗移栽前进行，常用于防治地下病虫害和苗期病虫害，一般有三种做法：一是全面处理土壤。先把药剂喷洒在土壤表面，然后翻耙到土壤中，也可用播种机或施肥机直接将药液施入土壤中。二是局部处理。把药剂施于播种沟或播种穴内，然后播种覆土，这种方法用药比较节省，但作业不如前者方便。三是用一种特殊的注射器，每隔一定距离打孔注入一定剂量的药液。通常是每平方米 25 个孔，孔深 15～20cm，每孔注入药液 10mL。目前主要用于防治烟草苗圃的线虫病和枯萎病。

（6）种子种苗处理法　种子处理有拌种、浸渍、浸种、闷种等方法。拌种法是用一种定量的药剂和定量的种子，同时装在拌种器内搅动拌和，使每粒种子都能均匀地沾着一层药粉，在播种后药剂就能逐渐发挥防御病菌或害虫为害的效力。在烟草上广泛应用的是种子包衣处理法。在烟草种子上包上一层杀虫剂或杀菌剂等外衣，以保护种子不受病虫的侵害。目前在烟草生产上，商品种子大多都进行了包衣处理，烟农不必再进行处理。而对于自留种子的少量品种烟，可以考虑进行种子处理，以减少病害的发生。

种苗的处理方法一般为蘸根，通常在育苗池或烟农自建的临时育苗池中将药剂兑水，按照一定的有效浓度多点注入育苗池内，将苗子根部蘸水或者让药剂直接接触苗子的根部，使根部带药，对黑胫病等根茎病害的防治效果比较好。

（7）**育苗基质带药法**　将药剂或者生物菌剂均匀混入育苗基质，然后装盘育苗，让药剂定植或者均匀分布在幼苗的根系周围，达到抑制病原菌增殖，保护根系健康，提高苗子的抵抗力等方面的作用。如近年来西南大学烟草植保研究团队研究开发的育苗基质拌菌技术，对于构建烟根部的生物屏障，提高烟草抵抗力，预防根茎病害具有重要作用。

（8）**涂抹法**　涂抹法在施用烟草抑芽剂时常常被采用。涂抹法是用毛笔或其他工具将药液直接涂抹到所需施药的部位，以防止药液流到植株的其他部位引起药害或其他有害作用。涂抹法用药量低，施药部位准确，能够经济有效地达到施药目的，但相对费工费时。如施用烟草抑芽剂时，用毛笔蘸药液后直接涂抹到腋芽上。涂抹时，关键是用药要准确、到位、及时。

（9）**杯淋法**　杯淋法也是在施用烟草抑芽剂上应用较多的一种施药方法。如烟株封顶后施用抑芽剂时用杯子或瓶子等容器将药液从烟株顶部沿着烟秆向下淋药液，使药液到达每一个腋芽，以达到抑芽的效果。杯淋法较涂抹法用药量大，但省时省工。注意杯淋法一样需要用药准确、到位、及时。

（10）**牙签带毒法**　将一些具有内吸性的药剂浸泡牙签，使牙签带毒，然后将带毒的牙签插入烟秆茎内，药剂可在烟株体内传导，对于蚜虫和一些病害有一定的控制作用。如牙签浸泡吡虫啉后插入烟草茎内，可以向上传导，控制上面的蚜虫。但牙签会对一些幼嫩的烟茎造成伤害，所使用的药剂一定要有内吸传导特性。

7.1.2　精准施用新技术

在防治农作物病虫害上，近半个世纪以来多采用的是高容量喷雾技术，即常规喷雾。这种技术喷孔的直径一般在 $1.3\sim1.6mm$ 之间，雾滴的直径一般处在 $40\mu m$ 以上，每亩喷洒的药液量高达 $50\sim100kg$。在烟草防治上，烟农往往习惯将整个烟株喷得"全湿"，烟叶表面的药液"流淌"，这种所谓"地毯式扫荡"既增加了劳动强度，加大药液用量，又不见得防治效果好，而且还加大对非靶标生物的伤害，严重破坏生态平衡。随着人们对环境与健康的日益关注和重视，从 20 世纪 90 年代起，一些发达国家（如美国）和我国一些单位已经开始研究面向农林生产的农药可变量精确使用。随着施药技术的不断发展与更新，如今出现许多先进的施药技术。

（1）低量喷雾技术 所谓低量喷雾技术是指单位面积上施药量不变，将农药原液稍微稀释，用水量相当于常规喷雾技术的 $1/10\sim1/5$。这种技术主要是在施药时保持农药的施药剂量不变，但改变其稀释倍数，降低分散剂的量，这样使农药的雾滴体积中径不到 $100\mu m$，药液就可以在植物行间以及叶片间进行自由穿透，达到药液的全覆盖，提高了农药的使用效果。主要目的是利用 $100\mu m$ 以下的小雾滴具有较好穿透性的特点，可以均匀地覆盖在植物叶片表面。一般按照单位面积喷洒药液量的多少，将低量喷雾分为低容量喷雾、很低容量喷雾和超低容量喷雾。此项技术与常规大容量喷雾技术相比，具有工效高、用药少、防效好、成本低以及农药的有效利用率高等优点，不足之处：一是药剂的选择面有限，一般选择的药品毒性要低（半数致死量 LD_{50} 较大），药剂应具备较强的内吸作用；二是对溶剂质量要求高，如水一定要干净无杂质；三是喷雾时要求作物叶面没有露水或者雨水，以免药液流失，降低防效。总之，低容量喷雾技术不能对作物的中下部形成覆盖密度高的药膜，因此对中下部位的病害的防治效果差。如在烟草生长的中后期，叶片的重叠覆盖度比较高，药液液滴很不容易到达中下部叶上。

（2）静电喷雾技术 静电喷雾技术是利用高压静电在喷头和靶标间建立一种静电场，使雾滴产生定向运动而吸附在靶标的表面上，具有沉积效率高、雾滴飘移小的特点。应用高压静电（电晕荷电）发生装置，使雾滴带电且定向运动趋向植物靶标，药液雾滴在叶片表面的沉积率显著增加，覆盖均匀，沉降速度增快，尤其提高叶片背面的沉积量，减少了飘移和流失，可将农药有效利用率提高到90%。静电喷雾的优点，一是药液雾粒直径属于超低量范围（直径15～75μm）。由于雾粒带电，吸附力强，所以农药利用率比超低量喷雾高，用药量少，既节约农药，又减少污染。二是因雾粒带同性电荷，在空间飘移时相互排斥，不发生凝聚现象，覆盖均匀，同时受目的物周围电力线的作用，能吸附目的物的正、反面，杀虫效果好。三是雾粒吸附于目的物表面比较牢固，不易被气流飘失或雨水冲刷流失。适用于有导电性的农药制剂。但静电喷雾需要能产生直流高压的静电设备，因此，结构比较复杂，成本较高。

（3）泡沫喷雾技术　将少量发泡剂加入到普通的喷雾器中，喷雾器内形成的空气压力通过一种特制的喷头喷出药液，这种喷出的药液可形成一种带泡沫的粒子，对作物的吸附性很强。泡沫喷雾技术具有很多的优点：第一，由于泡沫喷雾药液雾滴直径大多介于200～300μm之间，因此雾粒飞散大大减少，对施药人员更加安全。第二，由于只需添加少量的发泡剂和更换喷头，因此推广方面，易于操作。第三，泡沫喷雾技术适用度广，适用于农药的水剂、可溶粉剂、可湿性粉剂和乳剂等。该技术的唯一缺点是药液不耐雨水冲刷。

泡沫喷雾技术是由美国人首先发明的，广泛用于除草剂的喷施，少见用于杀虫（菌）剂。

（4）循环喷雾技术　对常规喷雾机具进行重新设计改造，在喷洒部件的相对一侧加装药雾回收装置，将喷雾时未沉积在靶标植物上的药液收集后抽回药液箱，循环利用，可大幅度地提高农药有效利用率。使用该技术的最大优点是：大大减少农药的用量，一般可节省农药30%以上，显著降低农药对环境的污染。但由于循环喷雾机的成本高、适用性差等缺点，使得推广应用受到一定的限制。

（5）药辊涂抹技术　主要用于内吸性除草剂的使用，药液从药辊（一种利用能吸收药液的泡沫材料做成的抹药溢筒）表面渗出，只需接触到杂草上部的叶片即可奏效。这种方法几乎可使药剂全部施在靶标植物上而不会发生药液抛洒和滴落，可满足多种场合作业的需要。它的优点是施用方法简单，对施药人员安全、省药省水、对非靶标生物几乎无伤害。

（6）自动对靶喷雾技术　　自动对靶喷雾技术是由计算机软件控制，根据目标物的有无实现喷雾的自动对靶控制。与连续喷雾相比，间歇性喷雾可以节省药液 $24\%\sim51\%$，省药率与作物种植形态有关。概括而言，自动对靶喷雾技术就是目标物探测与喷雾技术和自动控制技术的结合，该技术大大提高了农药的有效利用率，代表了农药使用技术的方向。

（7）防飘喷雾技术　　喷头产生的雾滴是呈一定分布的雾滴谱，那些直径小于 $50\mu m$ 的雾滴易于飘失，污染环境。防飘喷头已在生产中大量应用，还可通过在药液中添加漂移控制剂（如聚丙烯酸胺等）控制雾滴飘移。这些方法都显著减少了雾滴飘失对环境造成的污染。农药喷雾时，要求较小的农药雾滴，可以产生较好的农药沉积率和较好的覆盖密度，但雾滴太小，又容易发生田外飘移，造成浪费。所以农药的防飘移技术是农药使用技术重要的研究内容。涉及农药飘移的原因，大致为雾滴的大小、雾滴的蒸发作用、风速以及施药方法。农药的防飘移技术很多，一是控制农药雾滴的直径。二是研制出可防止雾滴蒸发的助剂，减少雾滴沉降过程中雾滴直径变小的程度，蒸发抑制剂是一种农药的表面活性剂，在药液中加入 4% 时，即可有效产生防止雾滴蒸发的现象。三是改善植保器械和施药技术，这方面有气流辅助法、机械减飘法、反飘移喷头法。

（8）智能化对靶喷雾技术　　对靶喷雾技术是利用计算机识别信息系统，识别病虫害发生的部位和严重程度，然后自动进行喷雾，达到节约农药，减少农药浪费目的的技术，它也是变量施药的一种施药技术。特别是针对杂草的喷雾，它能够正确识别杂草的密度，实现针对性喷雾，减少了大田除草剂的使用量。美国已将智能化的控制系统用于果园喷雾机，该系统通过超声波传感器确定果树形状，计算机控制系统使农药喷雾特性始终根据果树形状的变化而自动调节。该技术大大提高了农药的有效利用率，代表了农药使用技术的方向。

（9）无人机施药技术　　无人机施药是借助于精准的无人机操作技术，采用喷雾的方法将药剂均匀喷施到作物表面或者地表，以达到控制病虫草害目的的施药技术。植保无人机用于低空低量施药作业，与传统人力背负喷雾作业相比具有作业效率高、劳动强度小的特点；

与有人驾驶大型航空飞机施药相比成本大大降低，并能够满足高效农业经济发展的需求。至目前，我国研发了多种适合于这种不同地区小农户的植保无人机，以应对日益严峻的病虫害防治任务；同时，采用植保无人机进行农药喷施，人机分离、人药分离、高效安全，并能实现生长期全程植保机械化喷雾作业。以上技术都能大幅度减少农药用量，可节省农药用量 50%～95%，不仅节约了种植成本，还大幅度减少或基本消除农药喷到非靶标植物上的可能性，从而显著减少对环境的污染。有望在烟草种植上得到广泛应用和推广。当然，无人机植保还存在着受环境条件影响较大，药剂容易漂流，对靶不够精准，受作物叶片影响，作物的下部茎叶病虫害防治受限等问题。

总的来说，烟草上农药的应用技术有了很大的发展和进步，也有人在研究烟草上的农药应用新的技术，但目前，大多数地区，烟草的农药应用还受到器械、技术、资金等方面的限制，农药的精准应用还需要做很多工作。

7.2 农药施药器械的优化与精准施用

7.2.1 施药器械的类型

农药的剂型、作物种类、防治对象的多样性以及作业条件复杂多变，决定了施药器械也是多种多样的。我国主要采用常规喷雾器具进行农药喷洒作业，烟草行业也不例外，使用的还是大水量的粗雾喷洒器具，无论什么病虫害都是采用同一空心圆锥喷头，不同病虫草害防治中剂型和施药方式严重单一化。伴随着农药的发展和施药质量的不断提高，新的施药器械及其对应的施药方法相继诞生，比如超低容量喷雾器械的超低容量喷雾法，还有冷热烟雾机，能够产生雾滴很细的水雾和烟雾；静电喷雾器产生的定向雾滴，能够防止飘移，针对不同有害生物的分布进行自动对靶施药；利用 GPS 系统和计算机分析，进行图像处理的图像处理施药等方法。目前情况下，我国烟区普遍使用的喷雾器有手动喷雾器、电动喷雾器、静电喷雾器和机动喷雾器、喷雾机等（图 7-1）。

(a) JTX-9B型手动喷雾器

(b) AS-16L型电动喷雾器

(c) WS-15DA型电动喷雾器

(d) WSJD-15型静电喷雾器

(e) FST-696型机动喷雾器

(f) 3WF-18AC型机动喷雾器

图 7-1

(g) 机动大容量移动式喷雾机   (h) 脉冲动力喷雾机

图 7-1 烟区常用喷雾器类型

根据烟草生产的特点和烟草有害生物的分布，选择合适的喷雾器可以大大提高农药的有效利用率，从而降低农药施用量。冯超等研究了不同喷雾器对烟蚜的防效，发现采用静电喷雾器在烟田的农药沉积量是普通手动喷雾器的 1.8 倍，而用药量大大降低。这是由于静电喷雾器采用静电高压使农药雾滴带电，并在喷头和靶标间形成静电场，使雾化均匀，飘移减少，黏附牢固，提高农药的使用效率，减轻环境污染。徐德进等分析了弥雾机和手动喷雾器在不同施液量条件下喷雾，弥雾机喷雾时增加施液量，能提高水稻叶片反面的雾滴密度和覆盖率。陈海涛等研究了微量弥雾器、电动喷雾器、机动喷雾器和手动喷雾器在烟草田中的农药沉积分布，农药在烟草叶片上的沉积量依次为微量弥雾器＞手动喷雾器＞电动喷雾器＞机动喷雾器。微量弥雾器的沉积量最大，而手动喷雾器和机动喷雾器的沉积量最小。而地面沉积量微量弥雾器最小，手动喷雾器和电动喷雾器最大。从农药在烟田的分布均匀性看，微量弥雾器的上中下部位药剂分布均匀，手动喷雾器和机动喷雾器上中下部位分布不均匀。

7.2.2 雾滴的大小和密度

雾滴的大小习惯上采用雾滴体积中径来表示，雾滴的密度表示单位面积上喷洒在生物靶标上的雾滴个数。农药的分散度就是农药在喷雾器械的作用下农药药液被分散的细小程度，是衡量农药喷洒质量的主要指标，分散度越大，农药雾滴的粒径越小，分散在靶标上的雾滴密度越大，它与靶标接触机会增多，防治效果越好。因此，要想获得好的防治效果，同样施药液量的农药需要雾化效果好的喷雾器械。雾滴分布均匀性和雾滴覆盖率是喷雾的主要质量指标，研究和实践证明，小雾滴可以提高农药雾滴的覆盖率，而且在大多数情况下可以改善雾滴分布的均匀性。因此，在不考虑飘移因素的情况下，雾滴越小，其在靶标上分布越均匀，覆盖密度越大，防治效果越好，相应的农药的施用量和施药液量也会减少。

生物最佳粒径理论指出：植物叶面的最佳雾粒粒径为 $40 \sim 100 \mu m$，叶面上的害虫则为 $30 \sim 50 \mu m$，而 $250 \sim 500 \mu m$ 的雾滴粒径则较易落到地面上。传统的工农-16 型背负喷雾器雾滴粒径在 $400 \mu m$ 左右，不在生物最佳粒径范围之内，因此雾滴在作物上的沉积效率很低。原因是这种常规的喷雾器属于液力式雾化方法，所用的雾化器是锥形涡流芯空心雾化头。这种雾化头的雾滴直径粗，雾化不均匀，这种粗雾滴在空气中自由降落迅速，雾滴喷出后，很难在作物株冠层中扩散分布。

近年来，针对喷雾过程中的飘移问题，在发达国家，特别是在欧美，开发了各种不同类型的防飘移喷头，除此之外，还有均布喷头，专用于带状喷雾；广角喷头，用于喷洒除草剂等。袁会珠等比较了不同喷头对保护地黄瓜喷雾农药有效沉积率，发现采用 0.7mm 喷片喷雾比常规用喷片喷雾施药量减少 33.3%，农药投放量降低 33.3%。

2018 年，西南大学烟草植保研究团队对比了不同喷雾机不同的喷头数量对喷雾质量的影响，不同处理的雾化情况见图 7-2。从

图 7-2　不同喷雾器及喷头数量对喷雾质量的影响

图 7-2 可以看出，机动喷雾器的喷雾质量明显好于电动和手动喷雾器，而且随着喷头个数的增加，机动喷雾器喷雾后药液在烟株上的沉积量显著增强，且中下部叶片药液沉积量也显著增加，但并不是喷头越多越好。一般在机动喷雾器上携带 3 个喷头，而手动喷雾器两个喷头就可以了。

7.3 通过农药器械提高农药使用效率及安全性

7.3.1 有害生物发生的生态空间和农药使用有效靶区

常规的施药方法效率很低，从施药器械喷出去的农药只有 10％左右沉积在植物的叶片上，直接降落在靶标害虫上的仅在 1％以内，只有不足 0.03％的农药起到杀虫的作用，其余的农药，则以挥发、飘移等形式散失。因此，有人认为喷洒农药是世界上效率最低的劳动。而实际上，应根据有害生物的生活习性和生育期的不同，对其有害生物靶标的靶区进行定位并加以分类，把施药的范围尽可能缩到最小限度。例如，烟蚜具有趋嫩性，一般分布在烟草的顶叶较多，那么，顶叶就是杀烟蚜农药使用的有效靶区；烟草不同生育期的株型不同，团棵期株型较小，茎叶角度小，旺长期株型较大，茎叶角度大，喷雾的方式就应该改变，以使农药尽可能达到生物体上，尽可能减少药剂流失到烟田地面。病原菌和害虫在农田中的分布是以作物的生长空间为依托的立体分布，病原菌和害虫在植株不同部位繁殖危害，这些特定部位即所谓生态位。为了便于选择正确的农药喷洒技术和选用适宜的喷洒机具，通常把病虫的活动状态分为密集分布型、分散分布型和可变分布型等几种。明确了分布的特点和状态，使用农药时便能有的放矢，提高农药有效利用率。根据经验，烟草主要病虫害的生态位分布情况见图 7-3。在农药施用过程中，要注意选择这些有害生物的生态位点进行针对性用药，可以很好地发挥药剂的作用，达到精准用药的目的。

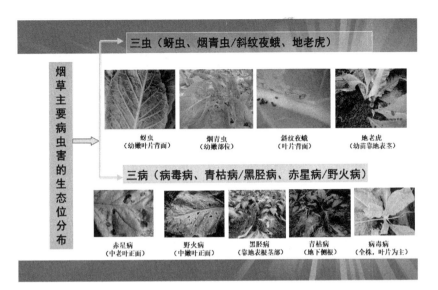

图 7-3　烟草主要靶标病虫在烟株上的主要生态位点

7.3.2　选择合理的喷雾器械

喷雾法是农药使用技术中最重要的一种，不仅因为喷雾法的用途广泛，在病虫害防治中使用频率最高，更重要的是在使用过程中技术的可变性、对施药器械的依赖性、对操作人员技术熟练程度和现场操作水平的依赖性都很强。烟草是重要的经济作物，病虫害种类繁多，每年造成巨大经济损失。烟草田的施药技术主要以手动液力式常规高容量喷雾法为主。近年来虽然在各烟区出现了一些新型的喷雾器械，但农民不了解喷雾器械的性能，在使用上还是沿袭传统的喷雾方法，导致费工、费时，农药雾滴在有效靶体上的沉积性能差，造成农药浪费，施药效率不高。在喷雾器械研究方面，广大科技工作者，针对喷雾器的雾滴沉积特性与防效的关系，雾滴体积中径与施药液量的关系，对不同喷雾器械的筛选进行了大量的研究，发现雾滴在靶标上的沉积密度、均匀性、覆盖率等雾滴沉积特性与防治效果的关系非常密切，不同的喷雾器械在靶标上的雾滴沉积特性有很大差异，由此带来不同的防治效果。

7.3.3　在农药喷洒中使用助剂

因为，当前的大部分农药并不是针对特定的作物和特定的病虫害而生产的，而农药在生物靶标上的沉积特性，特别是作用方式受靶标的生物特性影响很大。比如不同作物的叶片表面结构、不同昆虫的体壁结构都会对药剂的沉积分布有很大影响。特别是现在农药喷雾一般以水为分散剂，水的表面张力很大，把原有的农药制剂进行了稀释，导致药剂固有的理化性质被破坏。而在喷雾药液中加入农药助剂，可以大大改变这一现状。大量研究和试验表明，在喷雾药液中添加表面活性剂（称为喷雾助剂），是提高农药有效利用率、降低农药投放量的重要手段，表面活性剂可以有效降低农药药液的表面张力、降低药液与生物靶标的接触角，增加药液在生物靶标表面的湿润和铺展能力。有机硅表面活性剂添加到喷雾药液中可以大大降低药液的表面张力。

7.3.4　采取不同的施药方式

农药的施用方法很多，是为了适应在各种类型的作物和环境下防治不同类型的有害生物。有表面处理型，如喷雾法、喷粉法、种苗处理法等；有空间处理型，如熏蒸法、热雾法和气雾法等；有土壤处理型，如灌根等。国内外有关这方面的研究很多。宗建平等以番茄为供试植物，通过喷雾和灌根两种施药方法的比较，认为灌根的施药方法效果显著。李章海等进行了吡虫啉灭虫签防治烟蚜的试验，利用灭虫签，可以大大降低农药使用量，防止喷雾带来的环境污染。洪家宝等研究了几种农药根施对烟蚜的控制效果，也发现通过根施，能够达到比喷雾更好的防效，且避免了喷雾带来的农药飘移，以及喷雾对天敌和生态的危害。

7.4　不同生育期烟田的精准喷雾技术

农药减量增效是实现农产品安全生产、保障环境安全的重要技术措施。但由于农药减量增效技术涉及范围较广，除了喷雾施药技术外，其他以农业防治为基础的物理防治技术、生物防治技术，比如防治害虫的频振式杀虫灯技术、黄板诱虫技术、性诱技术、食诱技术等都可以部分或者全部代替化学农药而起到降低农药使用量的作用。近年来在烟草上大力开展的烟蚜茧蜂防治烟蚜技术取得了巨大的成功，推广规模已经占据全国烟草种植面积的50％以上，大大降低了农药的使用量，其他烟草病虫害的绿色防控技术也在如火如荼地开展中，这些化学农药的取代技术对化学农药使用量降低的贡献是不言而喻的，本文也无意将已经公认的化学取代技术纳入本文的减量增效技术框架中泛泛而谈。尽管上述的种种绿色防控技术已经深入烟区，但化学农药作为一种快捷的防治病虫害的手段在短时期内将长期存在，所以本文的烟田农药减量增效施药技术，仅仅就烟草病虫害防治的主要形式——化学农药的喷雾技术进行关键性研究，也仅仅就化学农药的喷雾技术提出有关减量增效技术的构想。

烟草是以收获叶片为主的经济作物，烟草生育期比较漫长，一般分为苗床期、移栽期、团棵期、旺长期和成熟期，不同生育期的株冠层不一样，团棵期烟田烟苗呈条带状分布，烟株近球形，有明显的行间地面，旺长期烟株渐渐长大，茎叶角度呈45°，有一定的行间距，但叶片较大，对中下部叶片进行了遮挡，成熟期，茎叶角度基本呈60°，两行的叶片已经互相重叠，行间距已经不明显。因此，不同的生育期出现了不同的田间小气候，发生不同的病虫害，不同病虫害的发生流行不一样，病虫害的发生部位和栖息环境不一样，给防治带来很大困难。当前烟草田的病虫害防治还存在很多问题，比如喷雾器械比较单一，还使用的是传统的大水量喷雾机具，药液在烟株上不能很好地穿透，在叶片上难以湿润展布，造成药液的浪费，并带来环境的污染和影响烟叶的质量安全。尽管近几年烟区出现了一些新型的喷雾器械，但广大烟农对新型喷雾器械的性能不了解，不管什么样的喷雾器，还是采取传统的"之"字形喷雾方法，造成药液不能很好地对准靶标施药，导致田外飘移和雾滴聚并滚落的现象比较严重。

烟草不同时期的叶片构造特点以及株冠层结构有很大的不同，不同生育期的病虫害发生也不一样，因此，在作物不同生长阶段所采取的施药方法和农药使用技术也迥然不同。由于对这些情况不清楚，而对任何阶段的作物病虫害采取千篇一律的施药方法，这是我国农药使用技术方面长期以来存在种种问题的根本原因。喷雾器的类型、药剂的理化性质、作物叶片的构造特点以及不同生育期的株冠层结构都决定着施药效果的好坏。

烟草生产较一般农作物的一个特殊性就是以收获叶片为主，而且收获期比较长，其株冠层结构随着生育期的增长而不同。烟草的化学防治一般是采取喷雾的方法，由于烟草特殊的株型结构和不同病虫害的发生特点，常规的喷雾器械和喷雾法有很多局限性，前几章的研究结果已经说明了这个问题。广大烟农在喷雾时不管烟草什么样的株冠层结构都是采取的同样的喷雾方法，自上而下扫射和喷淋，经常出现药液滴淌的现象。特别是烟草进入旺长期之后，上部叶片遮挡了中下部叶片，给中下部叶片的着药带来了很大困难，面对这种情况，农民采取的是在一棵烟株上自上而下反复喷淋，造成巨大的农药浪费。

根据烟草病虫害发生的种类和特点、烟草不同生育期的株型结构、叶片表面特点以及不同农药的特性，构建烟草田农药的减量增效技术体系，为烟草田病虫害的化学防治提供技术上和理论上的支撑。由于烟草不同生育期株冠层和病虫害发生的特征比较明显，因此，下面就分烟草田几个关键的生育期进行农药减量增效技术体系的构想。

7.4.1 烟草苗期农药减量增效的喷雾技术

烟草苗期主要在温室大棚中，烟草生产上的苗床一般是漂浮育苗，或者就是大农业所谓的"水培法"，这种方法的特点是苗棚湿度大，容易滋生一些与湿度有关的病害，如猝倒病、茎腐病等。目前对苗床的真菌性和细菌性病害的防治，一般都是采用大容量的喷雾方法，大水量喷雾法的雾滴大，雾滴受风力的影响冲击力强，这样会导致苗棚内湿度进一步增大，不但不能改善病害发生的现状，还可能导致病害的进一步加重。另外大水量喷雾法雾滴大，雾滴雾流冲击力强，容易溅落烟苗生长的基质，甚至把烟苗冲刷到浮盘外。

小容量喷雾法用水量少，雾滴密度大且雾滴的覆盖率高，而大容量喷雾用水量大，大大加重了苗床的湿度，雾滴的密度小且雾滴的覆盖率低，不能达到农药雾滴 40 个/cm^2 的要求，这是生物最佳粒径理论所要求的。因此对于这种温室大棚的苗期病害防治应使用小水量的喷雾方法，能够进行小水量的喷雾器主要是超低容量喷雾器，或者我国自主研发的微量吹雾器。小水量喷雾法不会增加苗床的湿度，而且雾滴密度大，雾滴覆盖率高，能够达到病虫害防治要求的农药雾滴 40 个/cm^2 的要求。超低容量喷雾器用药量只有大容量喷雾法的 1/2，但沉积量却接近大容量喷雾的 3 倍，而用水量是大容量用水量的 1/25。因此在烟苗培育中的病虫害防治应采取小容量喷雾法或者超低容量喷雾法，可以大大减低用药量和用水量。但超低容量喷雾的用水量少，药液中药剂的浓度高，所以在喷雾时应避免长时间停留在一个地方，应匀速前行，否则，可能会导致单位面积上烟苗的农药浓度超标，产生药害。

因此，烟草苗床期应采取小容量喷雾法或者超低容量喷雾法，在喷雾时应注意行走速度的控制，以免造成药害。目前一般都是大棚漂浮育苗，采取超低容量或者小容量喷雾，推荐的喷雾器为超低容量喷雾器，或者安装有小孔径喷头的电动喷雾器或静电喷雾器。使用超低容量喷雾器时采用飘移性喷雾方式，采用电动喷雾器和静电喷雾器时应采用针对性喷雾方式。

7.4.2　烟草团棵期农药减量增效技术

烟草团棵期烟苗近球形，行株距一般为 120cm×50cm，株行距很明显，由两行烟株夹着一个条带状的地面裸露部分。团棵期的主要病虫害是烟青虫、烟蚜、野火病、病毒病等，烟蚜和烟青虫主要分布在烟株的幼嫩部分，或者在烟株中上部叶片的背面较多，按照农药喷雾的毒力空间和有效靶区的含义，在施药时应尽可能使药液喷洒在烟田的烟苗行上，而且施药部位应该聚焦在每个烟株的中上部位，也就是说，烟苗行是施药的毒力空间，每个烟株的中上部位是施药的有效靶区。由于团棵期株型较小，现有的喷雾设备和喷雾技术，做到如此精确很难，生产上也没有必要，所以烟草团棵期施药时首先明确其毒力空间为烟苗行，而有效靶区也集中在整个烟苗行即可。从喷雾方法上，只需要进行顺行水平压顶性喷雾（图 7-4）。只有背负式手动喷雾器、电动喷雾器和静电喷雾器可以进行压顶性喷雾。背负式手动喷雾器采用液压式雾化喷头，通过液泵产生带状液膜，撕裂成细丝状，然后细丝断裂形成雾滴，液滴遇到静止的空气，会被碰撞成更小的液滴。若遇到喷雾液在叶片上不能很好湿润展布的情况，说明药液的表面张力大于植物叶片上的临界表面张力，可以在药液中加入适量杰效利等助剂，提高其湿润展布性。喷头应选择圆锥雾喷头，距离烟株高度为30cm。电动喷雾器和静电喷雾器和背负式手动喷雾器一样，只是采用的动力和雾流方式不一样。机动喷雾器和机动气力式喷雾喷粉机由于雾流冲击力强，雾流幅度大，雾流容易飘移在靶标外，造成农药浪费。

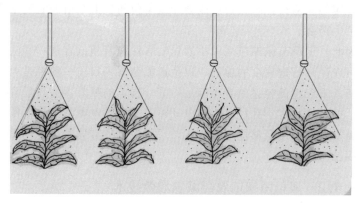

图7-4　烟草团棵期压顶性喷雾示意图（陈海涛，2015）

因此，烟草团棵期应采用手动喷雾器、电动喷雾器和静电喷雾器进行针对性喷雾。行走路线可采取"之"字形双行喷雾方式或者采取"一"字形单行喷雾折回的方式。

7.4.3　烟草旺长期农药减量增效技术

烟草进入旺长期从烟株上看，可以达到1.5m以上，原来的行间逐渐不像团棵期那么宽松，人在里面走动会碰撞到叶片，而同行的两棵烟已经看不到株距，被宽大的叶片遮挡，烟叶的叶片呈长椭圆形，茎叶角度基本呈45°，因此中下部叶片被上部叶片遮挡，叶片表面上的茸毛进一步脱落，蜡质层加厚。旺长期的病虫害主要是烟蚜和一些叶斑病害，如白粉病、野火病、蛙眼病等。烟蚜主要分布在烟株的中上部叶片，特别是顶部叶，主要栖息在叶片的背部。白粉病、野火病等主要集中在烟株的中下部叶片，主要是进入旺长期的烟田，中下部叶片受上部叶片的遮挡出现相对幽闭的环境，这个时候田间湿度大，烟田中下部叶片通风透光性较差，所以容易发生叶斑病害。

烟草的化学防治一般是采取喷雾法，从减量增效的角度，喷雾法应明确农药喷洒的毒力空间和有效靶区。根据前面对烟草旺长期的株冠层结构和病虫害种类及分布特点的分析，可以看出，从防治烟蚜的角度，农药喷雾的毒力空间应该集中在烟株的中上部位，施药的有效靶区应该是中上部位的叶片背面。根据前人研究，WBJ-14DZ 和 3WF-18AC 两种喷雾器在旺长期的叶片中上部位以及叶片正反面的沉积量相对其他喷雾器都高，但 3WF-18AC 在叶片的下部叶片分布也高，因此从减量增效的角度，应采用 WBJ-14DZ 防治烟蚜，而 WF-18AC 虽然在旺长期的中上部叶片沉积量分布高，但其在下部叶片沉积量也高，会造成农药的浪费，因为这个时候农药的毒力空间和有效靶区不是下部烟叶。所以旺长期防治烟蚜采用 WBJ-14DZ 作为理想的喷雾器械，能够尽可能把农药药液沉积在中上部叶片，并且受静电场的影响，叶片背面的分布也很高。而防治白粉病、野火病等叶斑病害，由于其主要分布在烟株的中下部位，所以从施药技术的角度来说，其毒力空间应该是烟株的中下部位，有效靶区应该是中下部位叶片的正反面。根据研究结果，3WF-18AC 在中下部叶片雾滴沉积量最大，而且在叶片的反面沉积量也较高，所以旺长期防治中下部叶片的叶斑病害应选择 3WF-18AC。

从喷雾方法看，旺长期烟株的茎叶呈 $45°$ 角，但由于烟草叶片较大，远离叶基部的叶片表面部分和烟株茎秆呈现一个大于 $45°$ 角的表象，因此在喷雾时喷头喷出的雾流应采用大约 $60°$ 的喷雾角比较合适，如图 7-5 所示，雾流能够穿过叶片的正面和反面，关于这一点已有研究证实，就是喷雾时保持 $60°$ 的雾锥角药液在烟株上的沉积量最大。

从农药的理化性质看，由于防治烟蚜和叶斑病害的药剂一般都是水剂或者是可湿性粉剂，主要以水作为分散剂进行喷雾，用水稀释药

图 7-5　烟草旺长期倾斜 60°角侧向喷雾示意图（陈海涛，2015）

剂后往往造成药液的表面张力加大，而且又由于进入旺长期之后，烟叶表面的茸毛减少，蜡质层加厚，药液在叶片上的附着和湿润展布性可能较差，因此可以用添加杰效利和倍创等助剂的方式，提高药液的湿润展布性，提高药剂在靶标上的穿透性。

因此烟草旺长期防治烟蚜时采取静电喷雾器或者使用电动喷雾器，喷雾方法为在行间采取"之"字形双行侧向 60°倾角针对性喷雾；防治中下部叶片的叶斑性病害采用 3WF-18AC 等机动喷雾喷粉机进行行间飘移性喷雾，喷雾角度为 60°倾角。

7.4.4　烟草成熟期农药减量增效技术

烟草进入成熟期，烟株已经进入生物学最大量期，叶片长、宽变得最大，茎叶角度进一步加大，呈现近 60°角，但由于叶片较大，叶片中间的表面部分基本与地面平行，与烟株的茎垂直。叶片的表皮毛进一步减少，蜡质层更厚。成熟期的烟草田的行间结构已经不明显，出现叶片互相交错、叶面互相遮阴的幽闭的田间小环境。这个时候主要的叶斑病害是烟草赤星病和野火病。烟草赤星病靠孢子传播，主要分布于烟株的老叶部位，基本整株叶片上都有。由于孢子在空中飞散传播，施药时必须控制孢子的传播。而对于烟草叶片上已经发生的赤星病斑，也会产生孢子，发生再侵染，所以控制孢子的萌发也很重要。因此，从施药技术看，赤星病防治的毒力空间是整个烟草田，只有把药液包围在整个烟草田，才有可能防治孢子的扩散。施药的有效靶区就是整个烟草叶片，以控制孢子的进一步萌发扩散。

烟草成熟期由于叶片的互相遮挡，用针对性喷雾法显然不切实际，由于需要把农药的雾滴笼罩在整个烟田，而针对性喷雾的雾流在田间不能进行穿透，而且较大的农药雾滴受重力的影响较大，出现的是沉降运动。要想实现农药雾滴在田间的长时间的水平飘移，只有采取飘移性喷雾，使用能够实现飘移性喷雾的喷雾器，只有 3WF-18AC 有这种功能。3WF-18AC 可以实现超低容量喷雾，使农药雾滴产生飘移的雾流，在烟株叶片间长时间的水平运动，实现烟株雾滴的全覆盖。加之超低容量雾滴细小，很容易在叶片上附着。飘移性喷雾时应使喷头在烟草田的上风口水平对准烟草田进行喷雾（图 7-6），这样可以使农药的雾流在烟株的行间和叶片上下之间飘移运动，实现雾滴在烟株的全覆盖，达到控制赤星病孢子传播蔓延的目标。实际上，实现飘移性喷雾的还有我国自主研发的微量弥雾器，其可以实现雾滴在田间飘移。近几年中国烟草总公司郑州烟草进修学院的专家研发了一种专门针对烟草田的烟雾机，也可以实现雾流在烟草田的飘移，不过使用烟雾机的条件要求较高，需要专门的烟雾机喷雾载体，而且要在清晨或者傍晚产生空气逆温层时才能喷雾。

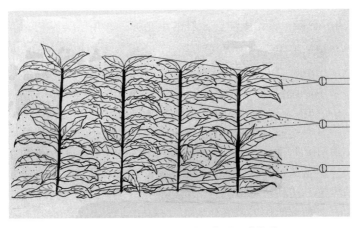

图 7-6　烟草成熟期飘移性喷雾示意图（陈海涛，2015）

因此烟草旺长期防治赤星病应采用超低容量喷雾法，采用3WF-18AC等机动喷雾喷粉机进行行间水平飘移性喷雾，也可尝试采用烟雾机防治赤星病。

7.5 烟田农药减量增效技术体系

农药的施药技术是涉及施药器械、药剂理化性质、植物株冠层结构以及不同施药方式等方面的综合技术。农药的有效利用率受植保器械的质量、施药者的技术水平、气象条件、靶标特性、有害生物特点等多方面影响，这一过程是复杂的，多种影响因素协同作用的好坏，决定着药剂的有效利用率。本文只是从诸多影响施药技术的因素中选取了一些关键因素进行研究，从中试图找到降低烟草田农药使用量，提高烟草田农药有效利用率的方式方法和技术手段。通过以上研究并结合烟草田的特点，建立烟草田农药减量增效施药技术，应如下方面进行考虑。

7.5.1 烟田农药精准施用的几个要素

根据多方面的分析，要实现烟田农药的精准施用，要考虑以下9个因素，简称为"三标、六定"。

（1）三标 考虑大靶标、对准小靶标、作用于分子靶标。要将药剂高效精准地喷施到烟草植株上，而不能流失到环境中，这是大靶标；要考虑到药剂能够喷施到作用对象上，这是小靶标；还要考虑到药剂能够达到作用位点，这是分子靶标问题。

（2）六定 一是注意针对不同对象和不同生长期，结合烟草株冠层结构有明显的特征，选择不同的喷雾器械（定器械）。二是注意考虑防治对象的特点（定对象），烟草田不同时期有害生物发生的特征不同，栖息部位不同，在施药技术上应通过施药的毒力空间和有效靶区的界定，达到对靶施药，提供施药的针对性，避免农药的浪费。三是注意药剂发挥作用的最佳条件（定药），烟草农药喷雾主要还是以水作为分散剂，研究证明大多数药液的表面张力大于其在烟草叶片上的临界表面张力，所以要重视农药助剂的使用，通过助剂的作用，提高药液的利用率，降低药液的浪费。由于烟草田后期植株较高，叶片宽大，在喷雾方式上应考虑使用什么样的雾滴密度、雾滴大小，以及什么样的喷雾角度，使农药药液在烟草叶片上有效沉积，防止药液聚集并滚落，或者发生田外飘移，造成药液的浪费。四是注意病虫草害发生的关键时期（定时）。五是注意选择恰当的用药剂量（定量）。六是注意病虫发生的关键部位（定点）。

此外，由于烟蚜是烟草田的主要害虫，其不但能够传播烟草黄瓜花叶病毒和马铃薯 Y 病毒，而且还能分泌蜜露产生煤污病，还可通过口器刺吸烟草汁液，造成烟草产量和品质下降。常规的喷雾法虽然能够达到立竿见影的效果，但持效期短，而且喷雾法还易产生误伤天敌等副作用，所以应积极考虑灌根的方法。

7.5.2 以烟草生育期为主线的烟草农药精准施用技术

（1）**育苗期** 苗床期，苗棚湿度高、通风不畅以及人为环境等因素，容易导致病毒病、炭疽病、立枯病和灰霉病的发生，因此育苗期要加强育苗设施消毒和苗棚温湿度管理，有效预防烟苗病害的发生，使用超低容量喷雾器飘移喷雾，精准用药防治病害。

病毒病：苗床操作前 1 天喷施抗病毒剂，可选用抗病毒剂 8%宁南霉素水剂 1200～1600 倍液、2%嘧肽霉素水剂 600～1000 倍液、24%混脂·硫酸铜水乳剂 600～900 倍液。

立枯病：苗床立枯病发生初期，选用 20%噁霉·稻瘟灵乳油 1000～1500 倍液茎基部喷淋。

炭疽病：选用 80%代森锌可湿性粉剂 500～625 倍液（制剂 80～100g/亩），用烟雾机进行叶面均匀喷雾。

灰霉病：在发病前或者发病初期采用 40%嘧霉胺悬浮剂 500～700 倍液，或 80%嘧霉·异菌脲可湿性粉剂 1250～1700 倍液，喷施 2～3 次，7～10 天一次。注意采用低容量或者超低容量喷雾，避免增加苗棚湿度。

（2）**移栽期** 重点防控对象为地下害虫、青枯病及黑胫病。

地下害虫：选用 10%高效氯氟氰菊酯水乳剂 6000～12500 倍液（4～8mL/亩），或 5%氯氰菊酯乳油 5000～6000 倍液（7.5～10mL/

亩），在移栽当天每株烟灌根稀释液50mL防治地下害虫。

青枯病：选用3000亿个/g荧光假单胞菌粉剂70～100倍液（512.5～662.5g/亩）蘸根或灌根，或选用0.1亿个/g多粘类芽孢杆菌细粒剂30～40倍液（1250～1700g/亩）蘸根或灌根。

黑胫病：选用68%精甲霜·锰锌水分散粒剂400～500倍液（制剂100～120g/亩）进行窝施，每株50mL稀释液。

根结线虫：选用3%阿维菌素微胶囊剂760～1000g/亩进行穴施或25%丁硫·甲维盐水乳剂1400～2000倍液（25～35g/亩）穴施或灌根，每株50mL稀释液。

（3）移栽期到旺长期　烟草移栽到旺长期是病虫害发生的重要时期，这个时期重点关注烟草病毒病、烟蚜、斜纹叶蛾、烟青虫、根结线虫、根茎病害（青枯病、黑胫病）、叶部病害（白粉病）的发生危害，并采用相应的精准用药技术。该时期采用电动喷雾器或者静电喷雾器进行压顶性喷雾。

烟蚜防治：烟蚜达到行动阈值20头/株时，采用静电喷雾器（3WBJ-16DZ、3WF-600J、3WBJ-15D），选用25%噻虫嗪水分散粒剂7000～10000倍液（5～7g/亩），或20%吡虫啉可湿性粉剂2200～3300倍液（15～22.5g/亩），对烟株叶背靶向喷施。

斜纹叶蛾、烟青虫：采用电动喷雾器＋压顶法喷雾技术，选用药剂5%高氯·甲维盐微乳剂2000～3000倍液（16.6～25g/亩），叶背面喷雾防治斜纹叶蛾，幼嫩部位喷雾防治烟青虫，注意都要在3龄之前用药。

病毒病：采用静电喷雾器与圆锥雾喷头进行压顶性喷雾，选用8%宁南霉素水剂1200～1600倍液（30～40mL/亩）与2%氨基寡糖素水剂1000～1200倍液（48～50mL/亩）混合后，叶面均匀喷施，间隔7～10天。

青枯病：移栽后25天左右，结合小培土，选用药剂（同移栽期青枯病）灌根防治青枯病。

黑胫病：在还苗期至发病初期使用药剂（同移栽期黑胫病）灌根防治黑胫病。

根黑腐病：在还苗期至发病初期使用70%甲基硫菌灵可湿性粉

剂 800～1000 倍液（55～70g/亩）灌根，每株 50mL 稀释液。

根结线虫：选用药剂（同移栽期根结线虫）灌根防治根结线虫。

白粉病：发病初期，用静电喷雾器与圆锥雾喷头进行压顶性喷雾，选用 36％甲基硫菌灵悬浮剂 800～1000 倍液（50～60g/亩）进行均匀喷雾。

（4）旺长期到成熟期　烟草旺长期采用静电喷雾器防治烟蚜，机动喷雾器防治叶部病害，喷雾角度 60°。成熟期采用超低容量机动喷雾器，使农药雾滴产生飘移的雾流，在烟株叶片间长时间水平运动，实现烟株雾滴的全覆盖。此阶段重点防治叶部病害（赤星病、野火病、白粉病等）。

各地根据当地气候特点、发病情况、烟株长势预测预报病害发生情况，采用背负式机动喷雾器＋漂移性喷雾，进行三次统防统治。

表 7-1 总结了整个烟田农药减量增效施药的关键技术，以期为烟草生产提供一定的借鉴，改善广大农民单一的施药技术带来的农药浪费、施药效果差、环境污染的现状，提高烟农种烟的综合效益。烟草种植业也是农业生产的一部分，大力开展烟草田农药的减量增效技术，以期为大农业病虫害的绿色生态防控做出一定的贡献。

7.5.3　以不同靶标对象为核心的精准用药技术

不同的靶标对象其发生特点、用药时期和用药技术有很大差异。在生产实践中，要对靶标对象进行基本区分，然后针对性地施药，可以获得理想的控制效果（表 7-2）。

表 7-1 以生育期为主线的烟田农药减量增效施药技术简表

生育期	株冠层结构	叶形	病虫害	代表性药剂	施药方式	喷雾器类型	喷雾方式	喷雾角度	使用助剂
苗床期	密集型	猫耳形	猝倒病、灰霉病、病毒病	宁南霉素、甲基硫菌灵、氨基寡糖素	喷雾	超低容量喷雾器或小容量喷雾器	飘移性喷雾	压顶性喷雾	不用
团棵期	条带状	椭圆形	烟青虫、烟蚜、炭疽病、病毒病	噻虫嗪、高效氯氟氰菊酯、宁南霉素、氨基寡糖素	喷雾、灌根	中容量喷雾器	针对性喷雾	压顶性喷雾	选择性使用
旺长期	相对幽闭，行间明显	长椭圆形	烟蚜、白粉病、病毒病、烟青虫	吡虫啉、腈菌唑、硫酸铜钙、宁南霉素、高效氯氟氰菊酯	喷雾、灌根	中容量喷雾器或超低容量喷雾器	针对性喷雾、飘移性喷雾	60°喷雾角	选择性使用
成熟期	幽闭、行间不明显	长圆形	赤星病、野火病	多抗霉素、硫酸铜钙、异菌脲、氯溴异氰尿酸	喷雾	超低容量喷雾器（型号对应）	飘移性喷雾	90°喷雾角	选择性使用

表 7-2 以不同靶标对象为核心的精准用药技术一览表

靶标对象	发生特点	精准用药核心	喷雾技术	其他技术
烟青虫、斜纹夜蛾、棉铃虫	幼虫危害,取食叶片、嫩茎;3 龄以后危害严重,幼虫体壁几丁质对药剂有抵御作用;斜纹夜蛾对药剂的抗药性突出	3 龄以前用药;轮换用药;关注药剂的安全间隔期;注意性诱、食诱技术结合;控制成虫为主,施药防治幼虫为辅	在烟草团棵期,采用静电喷雾器压顶法喷施高效氯氟氰菊酯乳油,靶标部位以叶心为主	采用食诱技术、性诱技术控制成虫;采用烟蛾、B.t.、核多角体病毒等控制幼虫
蚜虫、烟粉虱	若虫和成虫刺吸危害,传播病毒、虫口数量大,世代交替严重,发生规律不明显,抗药性突出	成虫期用药比幼虫期用药效果要好;喷雾技术要考虑喷施均匀和正反叶片兼顾;结合天敌释放,充分分散防治指标(行动阈值 20 头/株);结合增效剂的使用,减少药剂用量	百株蚜虫少量发生,采用灌根法,持效期长;百株蚜虫大量发生,采用喷雾法,见效快;牙签法可在烟杆木质部形成后采用;采用机动喷雾机漂移性喷雾法喷施	黄板等控制有翅蚜;蚜茧蜂、瓢虫、食蚜蝇等天敌控制无翅蚜
青枯病、黑胫病、根黑腐病	土传病害;青枯病病原菌为细菌、黑胫病病原菌为卵菌、根黑腐病病原菌为真菌;青到症状已经是发病后期;发生和寄主植物的抗性关系密切;土壤状况和发病有密切关系	青枯病必须在侵染前用药;黑胫病和根黑腐病可以在发病初期用药	采用精甲霜·锰锌 100g/亩拌底肥窝施,发病初期采用 1000 倍液对准茎基部灌根,对黑胫病的防治效果达 100%	采用拮抗微生物菌剂基质拌施,有机肥拌菌和窝施菌剂对根茎病害有很好的抑制作用;有单株发病时及时按除田间病株,并在烟窝周围进行生石灰消毒处理

靶标对象	发生特点	精准用药核心	喷雾技术	其他技术
病毒病	可虫传、土传、人工摩擦传；系统性病害，一旦感染，药剂不能杀毒，一些药剂可以缓解症状	可在育苗环节、移栽期进行药剂保护；可采用免疫诱抗物质进行诱抗处理	叶面喷雾，将药剂均匀喷施到叶面	注意苗棚卫生、健康栽培，营养平衡，补充锌、硼等微量元素
赤星病、野火病、白粉病、炭疽病	气流传播，发病迅速；气候因素、烟株抗性、营养平衡与发病关系密切；药剂容易产生残留	和预警结合（有病斑、营养不平衡、有发病的气候条件）；和其他药剂相结合（注意诱抗剂、保护剂和治疗剂的施药时间）；和抗病诱导及健康栽培相结合；和病防统治相结合；和增效剂施用相结合	采用机动喷雾器喷雾法喷施；注意喷施正反叶片面；多喷头喷施对雾化效果有很好的提升	注意大量元素和微量元素的平衡；注意合理密植；叶面喷施枯草芽孢杆菌等有很好的预防效果
烟田杂草	种类繁多，和烟草生育期吻合，发生量大、生长迅速	可利用选择性原理进行除草，不选用灭生性除草；在杂草三到五叶期施药，严格按照推荐剂量，采用倍创等增效剂可减少40%的用量	采用定向喷雾技术；一些除草剂可采用地面封闭技术	小草可结合培土人工防除；大草可采用机械除草法

参考文献

[1]　袁会珠.农药使用技术指南.北京：化学工业出版社，2004.

[2]　王刚，王凤龙.烟草农药合理使用技术指南.北京：中国农业科学技术出版社，2004.

[3]　朱贤超，王颜亭，王智发.中国烟草病虫害防治手册.北京：中国农业出版社，2002.

[4]　丁伟，关博谦，谢会川.烟草药剂保护.北京：中国农业科学技术出版社，2007.

[5]　丁伟，刘晓姣.植物医学的新概念——生物屏障.植物医生，2019（1）：1-7.

[6]　陈海涛.喷雾技术优化对农药减量增效的机制及应用研究.重庆：西南大学，2015.

[7]　丁伟.烟草有害生物的调查与测报技术.北京：科学出版社，2018.

[8]　谈文，吴元华.烟草病理学.北京：中国农业出版社，2003.

[9]　吴文君，高希武.生物农药及其应用.北京：化学工业出版社，2004.

[10]　马继盛，李正跃.烟草昆虫学.北京：中国农业出版社，2003.

[11]　沈岳清，马永文.植物生长调节剂与保鲜剂.北京：化学工业出版社，1990.